飞机-跑道的随机振动分析

刘诗福　田　雨　侯天新　著

同济大学 出版社
TONGJI UNIVERSITY PRESS
·上海·

内 容 提 要

本书系统阐述了飞机-跑道的随机振动理论及其在跑道评价、智能跑道中的应用,全书共分为7章,第1章完整叙述了飞机-跑道随机振动研究现状、物理组成与关键要素,第2章至第6章着重阐明飞机-跑道随机振动的激励模型、飞机地面动力学分析方法、跑道动力学分析方法、飞机-跑道相互作用分析方法以及多随机因素作用下飞机-跑道随机振动分析方法,第7章论述飞机-跑道随机振动分析在跑道性能评价和智能跑道技术中的应用。

本书具有飞机-跑道随机振动研究的广度和深度,总结和凝练了笔者的各项研究成果,包括博士学位论文、SCI论文、EI论文、基金项目和专利等,并在此基础上进一步扩展和深化了在飞机-跑道相互作用以及多随机因素下飞机-跑道随机振动方面的论述。对于从事机场跑道和飞机地面动力行为的科学研究与工程技术人员,本书具有很好的参考价值。

图书在版编目(CIP)数据

飞机-跑道的随机振动分析 / 刘诗福,田雨,侯天新著. -- 上海:同济大学出版社,2023.8
ISBN 978-7-5765-0732-4

Ⅰ.①飞… Ⅱ.①刘… ②田… ③侯… Ⅲ.①飞机跑道—基础(工程)—随机振动—研究 Ⅳ.①V351.11

中国国家版本馆CIP数据核字(2023)第158719号

飞机-跑道的随机振动分析

刘诗福　田　雨　侯天新　著

责任编辑　陆克丽霞　　**助理编辑**　邢宜君　　**责任校对**　徐春莲　　**封面设计**　唐思雯

出版发行　同济大学出版社　　www.tongjipress.com.cn
　　　　　(地址:上海市四平路1239号　邮编:200092　电话:021-65985622)
经　　销　全国各地新华书店
排　　版　南京月叶图文制作有限公司
印　　刷　江苏凤凰数码印务有限公司
开　　本　787 mm×1092 mm　1/16
印　　张　12.25
字　　数　268 000
版　　次　2023年8月第1版
印　　次　2023年8月第1次印刷
书　　号　ISBN 978-7-5765-0732-4

定　　价　78.00元

前　　言

近年来,我国航空交通量发展迅猛。截至 2023 年,我国民用机场数量为 260 座,预计到 2035 年我国民用机场数量将增加至 460 座。

跑道作为机场最重要的基础设施,是供飞机起降滑跑的核心平台。随着以 B777 为代表的新一代大型飞机投入运营使用,高速度、大轴载、高胎压、强冲击等新一代飞机的动力特征显著,进一步强化了飞机-跑道之间的动力相互作用。一方面,飞机动载造成跑道结构的振动会引发动力损伤(道基变形、道面错台等);另一方面,跑道的振动响应又将进一步与道面随机不平整耦合,二者共同激励飞机起落架,从而加剧飞机的随机振动。飞机-跑道的随机振动在新一代大型飞机上的表现更为突出,这不仅影响驾驶员对飞机的操纵性,降低乘客舒适度,还会加速跑道和飞机构件的疲劳损伤。因此,准确揭示飞机-跑道动力相互作用特性对跑道功能性能评价、结构设计以及飞机滑跑运行安全具有重要意义。

与列车-轨道系统、车辆-道路系统等相比,影响飞机-跑道系统的因素更为复杂,如:飞机在跑道上起降为非平稳变速运动,几乎不存在匀速运动,这点与列车运行差异较大;飞机跑道横向距离宽,所以其随机不平整的空间效应比道路更为显著;飞机存在升力,其升力大小与飞机运动行为密切相关,动态性强;飞机起落架以及轮胎非线性突出;等等。这些因素都增加了飞机-跑道相互作用的分析难度。

从 2015 年起,笔者研究团队对飞机-跑道的随机振动课题开展持续攻坚工作,依托中国博士后基金面上项目《基于三维飞机-跑道耦合随机振动分析的跑道平整度评价模型》(2020M681392)、国家自然科学基金联合基金《数据驱动-力学模型融合的机场刚性道面结构性能评价方法》(U1933113)和上海市自然科学基金面上项目《动态应变感知的机场跑道结构模态参数精准辨识方法》(23ZR1466300)等,开展了博士论文《基于飞机滑跑随机振动动力学响应及跑道平整度评价模型》和硕士论文《飞机-跑道随机振动响应分析》等研究工作,为该课题积累了大量的基础研究。历经 8 年的沉淀,终于将研究成果整理、归纳、凝练成本书。

全书分为 7 章,第 1 章为绪论,重点介绍了飞机-跑道随机振动的研究方法;第 2

章为飞机跑道系统激励模型,实测了跑道实际的不平整,并重构了二维、三维频谱模型;第3章和第4章介绍了飞机地面动力学分析、跑道动力学分析方法;第5章为飞机-跑道相互作用分析方法,从时域、频域两大维度进行分析,并构建了仿真平台;第6章和第7章主要为多因素情况下飞机-跑道随机振动分析、飞机-跑道随机振动的应用实践。由于时间有限,书中难免存在不足之处,敬请广大读者批评指正。

刘诗福

2023 年 8 月于上海

目　　录

1 绪　论

1.1　飞机-跑道随机振动研究回顾

1.1.1　飞机-跑道随机激励源的测量方法

由于飞机在跑道停航时间短,跑道平整度测试应满足快速、经济和精确的要求。飞机-跑道平整度测试仪器可获取相对高程和绝对高程两种纵断面数据。相对高程纵断面往往通过惯性断面仪测量,即 Class Ⅱ仪器;绝对高程需要把跑道纵断面每点相对于海平面的高度测量出来,通常用静态断面测量设备,即 Class Ⅰ仪器[1, 2]。

通过调研发现,不平整跑道测量设备主要包括:静态断面测量设备、惯性断面仪、接触式测量设备(倾角仪、自动水准仪)。静态断面测量设备和倾角仪可以测量真实道面,然而前者速度过慢,后者速度相对快一些,但仍不适合现代的繁忙机场。惯性断面仪精准、快速,但是不能测量真实纵断面,在测量时不但需要有一定距离可加速到最佳速度,也需要有一定距离得以减速。外部参考断面仪(External Reference Profilers)是最快的能得到真实道面情况文件的仪器,如在美国得到广泛应用的外部参考自动测杆与水平仪(Auto Rod and Level-External Reference)。

图 1.1　人工水准测量

1. 静态断面测量

1）水准测量

传统的水准测量是一种典型的静态断面测量,结合水准点的位置可获取跑道纵断面的绝对高程(图 1.1),目前,人工水准测量精度可达 0.1 mm,但速度较慢,费时费力。若以间距 0.25 m 测量 3 000 m 长的飞机-跑道,为获取该条跑道纵断面绝对高程数据,需要耗费近 3 个月的时间。

2）固定长度的直尺测量

采用固定长度的直尺检测飞机-跑道平整度是一种被广泛应用的静态断面测量方法,如图 1.2 所示。目前,不同国家与机构对直尺长

图 1.2　固定长度直尺测量

度和对应的最大间隙有不同的标准,见表1.1。值得说明的是,目前常用的直尺长度都不是基于飞机滑跑振动响应确定的。

表1.1 各机构采用的直尺长度及相应的控制标准

机构单位	美国联邦航空管理局 (Federal Aviation Administration,FAA)	国际民用航空组织 (International Civil Aviation Organization,ICAO)	美国陆军工程兵团 (United States Army Crops of Engineers,USACE)	
沥青道面长度/ft	12	9.8	12	
水泥道面长度/ft	16	9.8	12	
控制标准/in	0.25	0.125	纵向	0.125
			横向	0.25
参考规范	《机场建设标准规范》 (AC150/5370-10C)	《国际民用航空公约 附件14》 (ICAO Annex 14)	《统一设施指南规范:机场热拌沥青》(UFGS-02749)	

注:1 ft=0.304 8 m,1 in=25.4 mm,下同。

3）加利福尼亚断面仪

加利福尼亚断面仪如图1.3和图1.4所示,该仪器以细长的金属横杆作为参考高程,左右的测绘轮分别有4个,并且两两距离相等,约为0.762 mm;左右两排轮子的距离约为5.34 m。中心的记录装置随跑道起伏而移动测绘轮,通过该点的位置与各轮之间的关系,最终获取所测轮迹的纵断面高程。加利福尼亚断面仪利用了7.62 m的滚动直尺,但因该设备较长,在测试横向平整度时并不方便。研究表明,加利福尼亚断面仪削弱分布为3.0~5.2 m波长的幅值、放大分布为2.3~3.0 m以及5.2~12.2 m波长的幅值,这种在不同波段的削弱和放大效应使该设备在应用时存在一定的局限性[3]。

图1.3 加利福尼亚断面仪

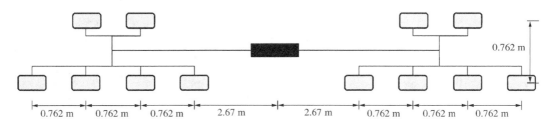

图1.4 加利福尼亚断面仪俯视构造

2. 惯性断面仪

1）轻型惯性断面仪

在美国机场广泛使用的轻量级惯性断面仪(又称轻型惯性断面仪)如图1.5所示,其主体是由商用全地形车辆改装而成,配备距离传感器实时测量行驶的距离,激光传感器组实时测量与道面的相对高程。一般而言,这种轻量级惯性断面仪行驶速度不超过 24 km/h,具有载荷小和使用方便的特点。由于该仪器只能测量相对高程,因此,常用这种设备获得纵断面的断面指数(Profile Index,PI)指标和国际平整度指数(International Roughness Index,IRI)指标。另外,该设备需要一段距离来加速到最佳速度以及在测试结束后减速,这也显著影响了其在有限区域或接近跑道末端的操作能力。

(a) (b)

图 1.5 轻量级惯性断面仪

2)高速惯性断面仪

高速断面仪的工作原理与轻型惯性断面仪类似,但较高的工作速度使得它能捕获道面上更长的波。国内市场上的车载式激光平整度仪是典型的高速断面仪,其测试方便、工作效率高等优势使这种设备广受欢迎。一般车载式激光平整度仪的行驶速度为 60～120 km/h,可实时自动采集数据、存储数据以及分析数据,可直接输出车辙深度和 IRI 等指标,如图 1.6 所示。

(a) (b)

图 1.6 中国生产的车载式激光平整度仪

FAA 开发的高速断面仪 FIP(FAA Inertial Profiler)如图 1.7 所示。FIP 主要采用三

种传感器：① Selcom 2207 光电传感器，用于测量车辆距道面的竖向位移；② LS-2 距离传感器，用于测量车辆的行驶距离；③ 盟军信号 QA700 加速度计，这种高质量的加速度计采用单轴惯性导航系统的硬件，可测量车辆上某一点相对于惯性基准的绝对垂直位置。FIP 内嵌相对高程的修正模块，考虑到局部剖面的起点和终点的高程不同，其采用线性变换函数对起点和终点进行旋转，使相对高程更加均匀，如图 1.8 所示[4]。

图 1.7　FAA 开发的 FIP 设备

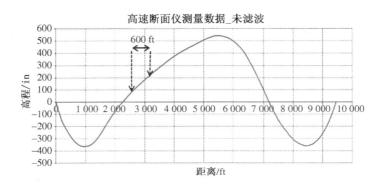

图 1.8　FIP 测量断面曲线

高速惯性断面仪往往需要更多的空间加速到工作速度，最大的缺点是不能获取真实的绝对高度数据。

3. 接触式测量设备

1）低速倾角仪

所有的倾角仪都是利用倾斜度传感技术测量路面在测量方向上的坡度，因此，这种设备能有效减少道面纹理对高程测量的影响。低速倾角仪通过计算两个已知点之间的角度差，并以确定的累计差异计算路面的连续轮廓。低速倾角仪采集的剖面数据完全满足机场跑道平整度评价的精度要求。低速倾角仪也可在操作员完成短闭环校准后，测量与平均海平面（Mean Sea Level，MSL）有关的真实海拔高度，其最大优点是准确性好、重复性好、方便、可靠以及携带方便，且可直接用于横向测量，工作示意如图 1.9 所示。但是低速倾角仪也存在测试速度慢，行驶速度不超过 1 km/h，不适合在繁忙的机场内使用等局限性。

2）滚动式倾角仪

随着倾角测距技术的发展，人们逐步采用轮子替代低速倾角仪的踏板，如图 1.10 所示。这种滚动式倾角仪可每隔 22.9～25.4 cm 测量 1 次，但在接缝处须放慢速度，避免倾角仪受冲击而产生并记录人为造成的峰值。该设备可纵向、横向测量，减少了纹理对高程测量的影响，其测试结果准确、重复性好，相比低速倾角仪，使用更方便可靠。

图 1.9　低速倾角仪工作示意

3）步行式倾角仪

步行式倾角仪可捕获道面的绝对高程,测试速度为步行速度,如图 1.11 所示。该设备附有外部参考仪器,一般需要两个人配合,用旋转激光作为外部参考,使用旋转结构激光器作为水平基准。激光能量面击中接收天线的位置被转换成一个高程,并记录在笔记本电脑上。该设备能测长波,但是大风会影响测量的精准度。激光和倾角仪之间的最大推荐距离为 150 m,大约需要每 300 m 进行一次设置[5]。

图 1.10　滚动式倾角仪工作示意　　　　图 1.11　步行式倾角仪工作示意

4）自动水准仪

APR 工程咨询有限公司开发的外部参考自动测杆与水平仪是一种典型的自动水准仪,它结合了传统桅杆位置测量的可靠方法,并用数字桅杆代替杆位测量高程基准,为测量员提供了以最快的速度收集真实剖面数据的最佳方法。自动测杆与水平仪可以在大约 1 h 内测量 10 000 ft 的测量线,并在此速度下获得 1 mm 高精度的剖面数据。目前自动测杆与水平仪在美国机场跑道平整度测量上应用广泛,如图 1.12 所示。

图 1.12　自动测杆与水平仪工作示意

1.1.2 飞机-跑道随机激励源的数学描述

飞机轮距较宽,不平整激励除了导致飞机上下振动,还将造成飞机前后与左右的摇摆。因此,飞机-跑道平整度数字模型应该考虑三维特性,即跑道纵向上不平整数字模型与横向上不平整数字模型。

1. 飞机-跑道纵向随机激励

众多研究表明,可用功率谱密度(Power Spectral Density, PSD)函数建立飞机-跑道的纵向不平整模型。Dodds 等[6]采用幂函数形式,分段拟合功率谱密度函数,建立了路面不平整模型,见式(1.1a)和式(1.1b):

$$G_d(n) = G_d(n_0)\left(\frac{n}{n_0}\right)^{-\omega_1}, \ n_L \leqslant n \leqslant n_0 \tag{1.1a}$$

$$G_d(n) = G_d(n_0)\left(\frac{n}{n_0}\right)^{-\omega_2}, \ n_0 < n \leqslant n_U \tag{1.1b}$$

式中 n—— 空间频率;

n_0—— 参考空间频率,且$n_0 = \frac{1}{2\pi}$ m^{-1};

$G_d(n_0)$——n_0 对应的功率谱密度值;

ω_1、ω_2—— 频率指数;

n_L—— 低频截止频率,$n_L = 0.01$ m^{-1};

n_U—— 高频截止频率,$n_U = 10$ m^{-1}。

在机场场道领域,美国国家航空咨询委员会(National Advisory Committee for Aeronautics, NACA)(后并入美国航空航天局)根据实测结果,给出了道面谱曲线的经验表达式[7,8],见式(1.2):

$$G(n) = \frac{C}{n^A} \tag{1.2}$$

式中 $G(n)$——n 对应的功率谱密度值;

A、C——代表跑道特征的系数。

此外,众多学者通过对不平整数据进行分析,建立了多种功率谱密度函数表达式,具体见表1.2。

表 1.2 PSD 函数表达式

参考学者	PSD 函数表达式	备注
Macvean[9]	$G_d(n) = \dfrac{C}{(a^2+n^2)^2}$	$0 \leqslant n \leqslant \infty$
Kozin and Bogdanoff[10]	$G_d(n) = A\mathrm{e}^{(-n^2/a^2)}/a$	$0 \leqslant n \leqslant \infty$

(续表)

参考学者	PSD 函数表达式	备注
Sussman[11]	$G_d(n) = \dfrac{C(n^2 + a^2 + \beta^2)}{(n^2 + a^2 + \beta^2)^2 + 4n^2 a^2}$	$0 \leqslant n \leqslant \infty$
BSI[12]	$G_d(n) = \begin{cases} Cn^{-w_1} \\ Cn^{-w_2} \end{cases}$	$\begin{aligned} &0 \leqslant n \leqslant n_0 \\ &n_0 < n \leqslant \infty \end{aligned}$

《机械振动　道路路面谱测量数据报告》(GB/T 7031—2005)，选取 Dodds 等建立的功率谱密度函数，令 $\omega_1 = \omega_2 = 2$，根据 $G_d(n_0)$ 将路面平整度划分成 8 个等级。

鉴于目前民用机场场道领域缺乏实测数据，绝大多数研究者研究跑道不平整重构时，仍基于道路路面的 PSD 道面平整度分类标准与形式一致的幂函数，忽略了跑道平整度自身的特性。

2. 飞机-跑道横向随机激励

跑道横向长度与跑道等级有关，4F 级机场跑道横向长度为 60 m。由于跑道横向尺寸较小，难以进行不平整测量，因此缺乏相关实测数据。目前，跑道横向不平整主要以跑道上不同横向位置的纵断面之间的相干程度来表征。机场工程领域针对横向不平整模型的研究较少，直接沿用了车辆在道路上行驶时不同轮迹之间的相干性。

张立军等[13]在假设路面各向同性的基础上，建立了左右轮不平整输入之间的相干函数，见式(1.3)：

$$coh(n) = \mathrm{e}^{-\mathrm{j}2\pi nB} \tag{1.3}$$

式中　$coh(n)$——左右轮的相干函数；

　　　B——左右轮的轮距；

　　　n——空间频率。

王亚等[14]在谐波叠加法的基础上，根据该方法中相位角相干，建立左右轮不平整输入之间的相干性，见式(1.4)：

$$\theta_{Ri} = \mathrm{e}^{\frac{-Bf}{2.5u}} \theta_{Li} + \left(1 - \mathrm{e}^{\frac{-Bf}{2.5u}}\right)\theta_{Pi}, \ i = 1, 2, \cdots, m \tag{1.4}$$

式中　θ_R——右轮相位角；

　　　θ_L——左轮相位角；

　　　f——时间频率；

　　　u——车辆行驶速度；

　　　θ_P——$[0, 2\pi]$ 内均匀分布的随机数。

1.1.3　飞机-跑道不平整评价方法

从 20 世纪 60 年代开始，人们就逐渐关注飞机-跑道的平整度状况[15]。直至今天，国际上仍然没有一套公认的、应用广泛的飞机-跑道平整度评价体系。纵观跑道平整度评价方法发展的近 70 年时间,翻阅百余篇相关文献,关于跑道平整度方法的研究发展历程大致可分为以下 6 个阶段。

1. 阶段 1:人工实测飞机-跑道不平整序列与功率谱密度评价

Walls 等[16]在 1954 年最开始研究跑道平整度,通过水准仪以 0.61 m 的间隔测量了兰利(Langley)机场两条水泥飞机-跑道的高程数据。其中 17-35 飞机-跑道经历了 6 h 的测量,测得 426 m;12-30 飞机-跑道经过 12 h 测量,测得 914 m,后采用移动平均法进行了数据处理。该研究首次采用了功率谱密度研究两条跑道的平整度状况,结果表明:后者跑道的功率谱密度是前者的 10 倍,均方根为 3 倍左右,初步以这两条跑道的功率谱密度曲线作为跑道平整度满意与不满意的分界线,如图 1.13 所示。

1955 年,Houbolt 等[17]首次分析了飞机在不平整跑道上的滑跑响应。他在 Walls 等研究功率谱密度的基础上,利用归一谐波和转换函数手段推导了 B-29 飞机的滑行动力响应。该研究将飞机假设为刚性体且起落架和轮胎都是线性力学模型,通过研究发现,飞机响应的三个峰值分别是由轮胎、升力和机身引起的(图 1.14),且速度对响应的影响较大。最终,Houbolt 等认为采用功率谱密度是一种有效的飞机-跑道平整度评价手段。

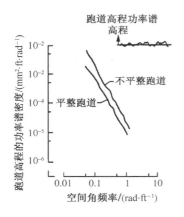

图 1.13　平整与不平整跑道的
功率谱密度对比

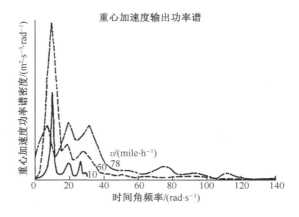

图 1.14　飞机响应曲线分布

1957 年,Grimes[18]针对飞机-跑道不平整对军用飞机的影响,提出了用人工测量与功率谱密度相结合的方法。1957 年,Potter[19]采用水准仪人工测量了华盛顿国际机场、纽约国际机场、拉瓜迪亚机场、里根国际机场和波士顿国际机场的跑道平整度数据,并且考虑到了飞机起落架的横向位置,每条跑道获取 3 条纵向轮迹线(前主起落架的位置)的平整度数据,为后续平整度的研究奠定了基础。

1958 年,美国航空航天局(National Aeronautics and Space Administration,NASA)测量了 34 条美国国内跑道的相对高程数据,并分析了各条跑道的功率谱密度分布规律[20]。

1965 年,Morris 等[21]介绍了 NACA 对粗糙跑道上飞机运行问题的研究。当时的研究表明,基于跑道剖面数据功率谱水平的准则不足以从引航的角度来定义跑道粗糙度的可接受水平。由于不同类型飞机的响应特性差异较大,粗糙跑道对于某些飞机来说是可以接受的,对另一些飞机来说则是不可接受的。

2. 阶段2:摒弃功率谱密度方法,转向实机滑跑与动力学响应分析

1965年,Morris等[21]认为,平整度的标准应该用飞机的响应来表示(最好是驾驶舱处的加速度)。对于需要进行精确飞机控制的跑道部分,建议的标准是驾驶舱处的最大竖向加速度误差不应超过 $\pm 0.4g$。同年,Morris[22]首次开展了飞机-跑道平整度的足尺现场试验。试验采用FAA提供的螺旋桨飞机和喷气式飞机(图1.15),由NASA分别在飞机机身重心位置处(主起落架上方)和驾驶舱位置处(前起落架上方)安装传感器。在A、B、C三条国际跑道上进行现场试验,滑行长度分别为1 280,1 707和914 m,这三条跑道都用水准仪(0.61 m间隔)测量了中心线的相对高程,测量精度为0.061 cm。在试验过程中,尽量保证匀速滑行,速度分别为25,50,80和130 kn①,加速度的采样频率为20 Hz。结果表明,在这四种速度下,两种飞机的重心加速度均方根随着速度的增加而增加,且驾驶舱的加速度均方根值比重心处要高45%~110%。其中,飞机在A跑道的响应最大,重心处和驾驶舱处的加速度最大值分别达到了 $0.28g$ 和 $0.50g$。通过实测飞机重心处和驾驶舱处的竖向加速度与俯仰角速度,发现这两个位置的竖向加速度比俯仰角速度大一个量级。此次足尺试验不仅探索了速度、跑道平整度、机型、空间位置等因素对飞机滑行动力响应的影响,也初步用数学上的转换函数建立了跑道功率谱密度和飞机响应功率谱密度之间的关系,为后续研究提供了实测数据和理论技术储备。

(a)　　　　　　　　　　(b)

图1.15　螺旋桨飞机和喷气式飞机足尺现场试验

1967年,Tung[23]介绍了摄动法在多自由度非线性系统随机响应研究中的应用,模拟了以平稳随机过程表示的飞机沿跑道匀速运动的情况,利用美国当时正在设计的超音速民用运输机的相关特性给出了飞机简化理想化后的响应数值计算结果。

1968年,Lee等[24]讨论了起飞过程中跑道平整度对控制和竖向加速度的影响,在简谐激励的基础上定性地讨论了飞机类型对跑道的影响。研究结果表明,由于不同飞机的

① 1 kn=1.852 km/h。

起降模式不同,跑道平整度将影响跑道地基土的动力荷载形式和大小。

从 20 世纪 60 年代开始,飞机制造商也开始关注跑道的平整度。1969 年,Chen[25] 将飞机在跑道上的滑跑过程看作是随机振动过程,并将随机振动理论应用到飞机滑行响应的问题上。研究指出,随着飞机滑行速度的提高,敏感波长将达 150 m 左右,因此,不考虑这部分波段的评价标准是不合理的。

1970 年,Morris[26] 又开始了新一轮更加完善的跑道平整度足尺现场试验。试验对象为重型轰炸机、中型轰炸机、运输机、训练机、民航客机和商务机 6 种机型。试验场地为 13 条两种类型的跑道,一种是新建的、平整度好的跑道;另一种是已经受到飞行员主观抱怨、平整度差的跑道;监测的数据包括飞机俯仰运动速度,起落架支柱的运动,飞机驾驶舱、重心处和尾部的加速度等。在试验过程中,发现跑道平整度对驾驶员读取飞机滑跑速度影响很大;6 种机型的响应频率范围分布在 $1.33 \sim 13$ Hz 之间;飞机重心处、驾驶舱处和尾部的加速度均方根值分布范围分别为 $0.06g \sim 0.1g$,$0.14g \sim 0.21g$ 和 $0.12g \sim 0.17g$,驾驶舱处与重心处的加速度比值最大为 3.13,尾部与重心处加速度比值最大为 2.25;训练机上测试到的加速度值最大,达到了 $1.27g$。飞行员对跑道平整度优劣的判断取决于振动的幅度、数量以及运动姿态,且不同飞机的种类对跑道平整度影响很大,足尺试验建议以 $0.4g$ 作为平整度评价标准中平整度优劣的分界线。

现场足尺试验除了能获取飞机在不平整跑道上的响应特性外,还能作为仿真程序的验证手段[27]。1972 年 11 月至 12 月期间,美国联邦航空局的国家航空设施试验中心(National Aviation Facilities Experimental Center, NAFEC)利用 B727-100 飞机研究了飞机滑跑动荷载;1974 年 5 月至 6 月,美国空军(United States Air Force, USAF)主持了 B-52H 飞机的现场足尺试验。这两次试验不仅测量了飞机关键部分的加速度,还采用了应变计测量飞机动力荷载。在 1972 年 B727-100 飞机的安装测试中,采用了温度补偿的应变计桥网络来测量轮胎荷载,通过安装在主起落架轴上的应变计测量竖向轮胎荷载和安装在支柱边上的应变计测量横向荷载,得到了竖向和横向的轮胎荷载数据。解调仪和记录仪器由美国联合航空公司(以下简称美联航)提供,分别解调每一个传感器并记录在 14-track 记录器上,同时包括噪声和时间数据。加速度计记录飞机驾驶舱、飞机重心处以及飞机尾部三个位置,此外,纵向和横向的加速度计以及振动角速度计和翻滚角速度计也安装在飞机重心处。B727-100 飞机试验包括爬行、低速滑行、中速滑行、高速滑行、高速刹车、起飞旋转、触地和转弯等运动状态,整个试验过程分别在一条沥青跑道和一条水泥跑道上各开展了 146 次飞机滑跑试验。

1974 年的 B-52H 飞机测试在 3 个位置安装了 6 个传感器。其中,横向加速度计安装在驾驶舱位置,竖向加速度计安装在飞机重心处和尾部,一个角加速度计安装在驾驶舱处以测量滚动加速度,两个角加速度计安装在飞机重心处以测量跳跃和滚动角加速度。另外,轮子滚动计数器安装在起落架处来确定飞机的速度和纵向位置。该试验分别在 4 个国际机场开展,试验包括飞机高速滑跑、低速滑跑以及起飞和降落等 4 个阶段。

然而,计算机仿真代码的限制以及 B-52H 机组后来的退出,导致设备数据通道产生了错误,致使 B-52H 飞机的动力响应数据可用性不高,试验数据最终没有被公开和分析。B727-100 全机组人员能熟练地安装传感器并测试,驾驶舱处的能量吸收是通过驾驶员处的加速度来计算的。从定性的角度来说,飞机理论加速度和飞机计算加速度应该相同,但从定量角度来看,二者相关性不是很好。分析原因可能是 B727-100 飞机的着陆起落架建模不是很精确。因此,使用 B727-100 飞机数据来研究仿真程序并不可行。

一些学者在飞机振动响应的理论研究上收获了较为丰富的成果。1972 年,Kirk 将飞机起落架假设为线性空气弹簧力和线性阻尼力的力学系统,将跑道平整度激励看作是平稳高斯随机过程,通过功率谱密度方法获取了飞机滑行动力学响应的均方根值。以满载的 KC-135 空中加油机的滑行速度从 0 变化到 260 ft/s 为例,研究结果表明速度越大,飞机的重心加速度均方根值越大,轮胎和起落架支柱的附加应力也越大,动载系数最大约为 110%[28, 29]。

3. 阶段 3：由实机足尺试验转向飞机动力学响应仿真与验证

由于 1965 年和 1970 年的跑道平整度足尺现场试验费时费力,从试验结果来看并不是特别理想,研究学者也将研究重心转向飞机动力学仿真。1973 年,Gerardi[30] 开发了飞机滑跑仿真程序 TAXI,并在 1977 年改进和完善为 TAXI2。TAXI2 同时考虑了飞机的升力和推力,升力作用于飞机的重心处;起落架支柱采用的是非线性力学模型(图 1.16),主要包括空气弹簧力、油压力、结构摩擦三种力,其中空气弹簧力是最大的。利用三次泰勒展开式迭代求解整个微分方程,每间隔 0.01 s 输出飞机响应。通过对比 B727-100 机型实测加速度与 TAXI2 仿真分析的加速度发现,二者的峰值误差保持在 15% 以内;分析柔性机翼和刚体机翼,发现柔性机翼模型存在相位延迟,但是差异很小,可直接忽略机翼的柔性;当跑道不平整激励是非对称时,飞机左右翻滚运动对驾驶舱位置和飞机重心处竖向加速度有明显的影响,因此跑道不平整应考虑三维特征。该研究验证了 TAXI2 程序是一个非常有效的飞机滑跑动力学仿真软件,且可以用该软件评估飞机-跑道的维修效果。

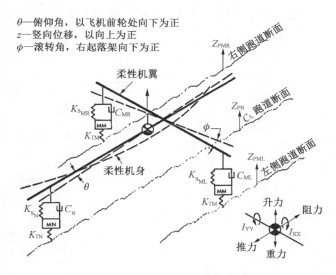

图 1.16 TAXI2 采用的飞机动力学模型

1978 年,Gerardi[31] 完善了仿真飞机的起飞和滑行动力学响应程序,将飞机机身简化为翻滚、俯仰、竖向振动以及水平振动四个自由度,整个飞机模型包括 30 个柔性参数。该程序收集了多个民用和军用机型,要求跑道数据间隔是 0.61 m,并且每个起落架都可以输入不同的测线数据。通过对比实际的军用飞机响应,研究表明该仿真程序和实测误差控制在 5%~10%;整条跑道的仿真时间约为 60 s。除了可获取飞机重心处加速度外,该软件还可以分析飞机道面的动载系数,用以指导跑道的养护维修和飞机的参数优化。仿真软件的诞生给研究学者提供了极大的便利,对跑道平整度的研究产生了划时代的影响[32]。

4. 阶段 4:初步确定跑道平整度的评价标准

随着现场足尺试验的开展、随机振动理论的发展和仿真软件的完善,研究学者越来越关注飞机-跑道不平整带来的负面影响,并研究了飞机-跑道平整度的评价标准。1975年,Mccullough 等[33]利用飞机驾驶员的主观评定和表面动力学轮廓仪测量的跑道表面与轮廓分析之间的关系,通过计算跑道上滑跑飞机的频率响应特征,结合跑道部分的波形振幅信息,并与飞行员的主观评级进行比较,初步获得了跑道的平整度评价标准。1976年,Sonnenburg[34]重点分析了跑道粗糙度对飞机响应和人体舒适度的影响,研究了人体吸收功率作为平整度的指标,发现采用三倍频带方法确定人体标准加速度水平更为准确。但是研究结果表明,尽管是很粗糙的飞机-跑道,获取实际的飞机响应数据通常远低于人类舒适度的标准水平,建议在统计上应该做更多的工作。

1977年,Burk 等[35]将滤波后的跑道纵断面数据和飞机垂直加速度的均方根值划分为若干段,并统计制作成跑道平整度评价表,同时给出了纠正跑道轮廓以减少飞机反应的建议。1977年,Walter[27]阐述了美国工程兵团关于建设飞行区铺面的标准,包括严格的表面平整度和梯度,但是当时并没有区分跑道平整度粗糙、中等和光滑的标准,这对滑膜摊铺工艺造成了一定的影响。该研究量化了跑道平整度对飞机的影响以及发展出相应的平整度评价标准。通过自主开发的 AFFDL 程序仿真分析,最终确定了安全运行条件下跑道不平整的形式、振幅和频率。根据对不同频域下人的忍受限值的规定(图 1.17),将 0.2g 作为竖向加速度可接受限值(新建的机场),最终分析了飞机在单个隆起、周期性隆起和多个斜坡等情况下的限值,并向工程兵团铺面标准建议了修正值。

1978年,Nassirpour 等[36]提出一种新的分析方法——动态数据系统(Dynamic Data System,DDS),该研究选取了华盛顿里根国际机场、约翰·菲茨杰拉德·肯尼迪国际机场、拉瓜迪亚机场和波士顿洛根国际机场 4 座机场的跑道剖面,

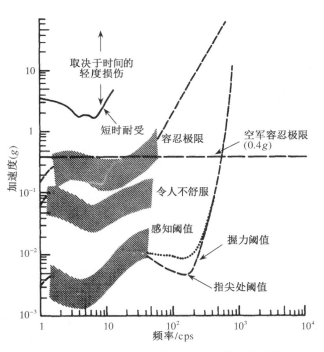

图 1.17 不同频域下人的忍受限值的规定曲线

并对剖面数据进行分析以获取跑道的粗糙度。方差和功率谱分析等统计分析,证明了粗糙度对大型高速飞机-跑道不同波长的重要性。谱矩和几何参数的结果表明,约翰·菲茨杰拉德·肯尼迪国际机场的跑道是所有机场中最平坦的。该分析方法可用于飞机的动力响应分析和三测线跑道剖面表征。

1980 年,王文亮等[37]认为跑道不平整是大型飞机滑行时造成机身金属疲劳损伤和动态应力的重要因素,将跑道的轮廓线表示为平稳高斯随机过程,起落架简化为非线性空气弹簧和液压、库仑的阻尼器。考虑到飞机对通过主起落架和前起落架传递的力的响应,对主起落架和前起落架输入的相位差取一个合适的值,可提高建模的精细化程度。

5. 阶段 5:将跑道平整度纳入道面管理系统以指导养护维修决策

1982 年,Hacklinger 等[38]以 F-4 飞机为例分析了跑道平整度对跑道的起降最短长度(Minimum Operating Strip,MOS)的影响,并形成了计算机程序嵌入到 USAF 的跑道维修程序中。

1984 年 Uzan 等[39]讨论了以色列膨胀黏土道基跑道平整度分析的 4 个实例。研究表明,总升沉的增加并不一定对应平整度的增加,但是从飞行区业务的角度看,平整度更被管理者所关心。基于功率谱密度分析的平整度准则适用于膨胀黏土跑道,其他基于直尺下最大间隙的平整度准则则不适用于局部隆起所引起的路面粗糙度情况。

1990 年 5 月,达拉斯-沃思堡国际机场管理部门在该机场投入使用了一个机场道面管理系统,包括测量跑道路面的高度剖面及平整度分析。通过对三种飞机在实测跑道剖面上工作的计算机仿真,获得了飞机重心处和驾驶舱处的垂直加速度,以及仿真输出飞机的动态轮胎载荷、动态路面负载等数据[40]。

1990 年 Eckford[41]和 1991 年 Lee[42]重点研究了维修后的跑道平整度对飞机动力学响应以及驾驶员操纵的影响。

美国波音公司历时 20 余年,从实机滑跑疲劳试验出发,提出了针对跑道平整度特性的波音平整度指数(Boeing Bump Idex,BBI),并经过了三次标准的修正,在 1991 年确定了"可接收区""超过区"和"不可接收区"的评价标准[43]。

1991 年 Gerardi 等[44]采用疲劳分析方法,分析了跑道表面平整度对轰炸机和运输机机身不同部位疲劳裂纹扩展的影响。研究表明,随着跑道平整度的劣化,飞机机身的疲劳寿命呈现加速衰减的趋势。

1991 年 Riechers[15]认为跑道不平整的振幅、频率以及飞机本身的特性都将影响飞机滑跑的动力学响应,可以使用跑道上滑跑振动程序 TAXI 来快速评价跑道是否需要被维修,并仍以 0.4g 作为评价标准分析了飞机在驾驶舱和重心处的加速度响应,进而指导跑道的维修决策。

1992 年 Scofield 等[3]通过现场测试研究了加利福尼亚断面仪的精度和应用于机场跑道平整度评价的适用性。同年,Wieringa[45]通过仿真软件更新了当时跑道的平整度评价标准。

1993 年 Cook[46]阐述了飞机在拉合尔国际机场跑道更平稳着陆的前提是跑道平整度

需要控制在一定范围内。1993 年 Livneh[47] 在以色列开展了跑道不平整下战斗机飞行员主观评价的态度调查,并最终获得了可靠的主观跑道平整度评级。同年,美国 APR 咨询工程有限公司成立[48],该公司专注于跑道平整度测试与评价服务。

1997 年 Schmerl 等[49] 认为跑道平整度不仅影响飞机的运行安全,也影响飞机的疲劳寿命。该研究发现短波可通过肉眼观测或直尺测量,但是长波的检测很困难,而飞机在跑道上某些区域对长波非常敏感。

1997 年,Gerardi[50] 认为平整度较差的跑道除了影响飞机的运行安全外,还会显著放大地-空-地(Ground-Air-Ground,GAG)疲劳循环效应,增加飞机的疲劳损伤。因此,建议设定允许的跑道和滑行道平整度限值,并维持跑道平整度在"不超过"限值的水平。

1999 年 Hachiya 对美国三条主要飞机-跑道展开调研,调查了 84 位驾驶员的主观评价,他们驾驶的机型 70％ 是 B767 和 A300,20％ 是 B747 和 B777,剩下的是小机型。研究表明,跑道平整度是飞机滑跑质量和安全影响的最大因素,而飞机颠簸状态不仅与飞机速度有关,还与平整度的激励形式密不可分。该研究基于 TAXI 仿真滑跑程序,以 B747 飞机为例,其中一种工况是飞机在跑道上从 55 km/h 开始加速至起飞速度;另一种为飞机在滑行道上以 33 km/h 的速度匀速滑行,并采用连续的正弦函数形式激励,仿真结果以第 85 百分位数作为代表值,最后的结果如图 1.18 和图 1.19 所示。飞机重心处的响应峰值出现在 4.6 m 和 46 m,驾驶舱处的竖向加速度峰值出现在 4.6~9.1 m,以及 18 m 和 61 m。以竖向加速度 0.35g 作为评价标准,驾驶舱处的标准比重心处要严格。对于跑道而言,长波的起伏高度不能超过 50 mm;对于滑行道而言,当波长为 5~15 m 时,10 mm 的起伏高度是极限值[51]。

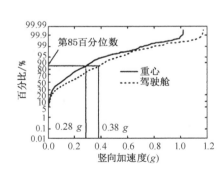

图 1.18 竖向加速度百分比分布

(单位:mm)

设施	A	B	C
跑道	<0.26	0.26~3.64	<3.64
滑行道	<0.91	0.91~6.57	<6.57
停机坪	<1.50	1.50~8.63	<8.63

A:不必进行修复工作;
B:在近期需要进行修复工作;
C:需要立即进行修复工作。

不同设施的标准有所不同,这取决于飞机速度以及道面修复指数(Pavement Rehabilitation Index,PRI)。上表展示了沥青道面不平整的标准。道面不平整是影响行驶质量的最重要的表面特征之一。

图 1.19 机场道面平整度可接受标准

6. 阶段 6:借助仿真软件、平台、模拟器等提出平整度评价方法

2000 年 Stet 等[52] 利用 APRas 软件仿真 B737 和 B747 两种机型,量化短轴距和长轴距对飞机的影响,研究结果表明足够准确的高程剖面数据才能较为真实地获取飞机的响应值。

2000 年，Hwang 等[53]建立了简化的飞机起落架模型，采用模态方法分析了道面不平整非平稳随机激励下飞机的动力响应。

2001 年 Filarski[54]验证了 APR 咨询有限公司开发的 TAKEOFF 仿真软件的正确性。该研究展示了仿真程序和驾驶员经验之间的相关性，并且根据飞机重心处加速度、前起落架动荷载和主起落架动荷载三个指标，将跑道平整度划分为四个等级，如表 1.3 所列。

表 1.3 不同响应指标对应的跑道平整度等级

指标	跑道无问题 如果：	跑道断面研究 （通知飞行员） 如果：	跑道断面维护 （通知飞行员） 如果：	关闭跑道 （通知飞行员） 如果：
前起落架路面荷载 （NGPL）	>0 并且	<0 或	<0 或	<0 或
重心处重力加速度 （g-forces）	未超出 $(-0.35\,g, 0.35\,g)$ 并且	超出 $(-0.35\,g, 0.35\,g)$ 或	超出 $(-0.60\,g, 0.60\,g)$ 或	超出 $(-1.00\,g, 1.00\,g)$ 或
主起落架动载系数 （DMGLF）	DMGLF<1.3	$1.3<$DMGLF<1.5	DMGLF>1.5	DMGLF>2.25

2002 年 Katsura[55]利用 db4 小波分析研究了飞机滑跑质量因子（Ride Quality Factor，RQF）的下降速率，结果表明 B747 飞机起降过程中波长大于 51.2 m 的波影响最大，在跑道检测中应该重点考虑。

2002 年，李光元等[56]不考虑起落架的阻尼力和质量，建立了飞机主起落架的运动模型和振动方程（图 1.20）。通过求解振动方程得到了动载系数与微起伏的形状关系，根据动载对机场道面、乘客及驾驶员的舒适度影响规律，提出了微起伏限制值的分析方法。

2002 年 Stet 等[57]重点分析了跑道不平整所导致的飞机动荷载问题，以及对典型柔性道面和刚性道面疲劳寿命的不利影响。

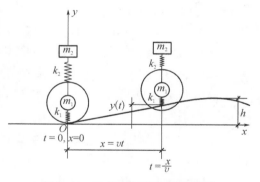

图 1.20 飞机主起落架力学模型

21 世纪初，日本航空业发展迅速，跑道平整度也一直是机场管理者非常关注的问题。Souza 等[58]利用非接触式轮廓仪结合全球定位系统（Global Positioning System，GPS）对路面绝对纵断面进行了高精度测量，获得了大量路面的纵断面数据。

2003 年，Endo 等[59]利用 Katsura 测量的东京机场跑道绝对高程数据，利用小波分析和人类脑波分析方法分别研究了跑道平整度自身特征及人的反应。结果表明，短波基本不影响飞机的响应，只有波长大于 12.8 m 的波才会降低飞机滑行质量，但是，不同飞机所受的影响程度不一样。通常，飞机的质量越大，越长的波对飞机滑行质量的影响就越大，且起飞比着陆要更长些。因此,机场方应该根据机场的主要机型来维修跑道的平整度,不过小型的凹槽对飞机的滑行质量影响不大。通过测试人类脑电波对长波和短波的敏感性发现,脑电波比加速度能更好地表征跑道的滑行质量。

2003 年,Kanunnikov 等[60]提供了俄罗斯用于确定跑道平整度的指标和程序。该研究给出了莫斯科附近的一座机场 500 m 长的跑道计算实例,纵断面平整度标高测量精度要求为 1.0 mm。通过绘制跑道路面轮廓线并采用 n 阶曲线近似方法进行建模,最终确定的平整度指数 R 能定量估计道面微起伏对飞机的不利影响。

2004 年 Cardoso[61]提出了一种估算跑道修复工程中过渡坡道长度的新方法。基于沥青混凝土覆盖层厚度和跑道纵坡的标准,并结合飞行员的意见、ICAO 标准、波音飞机-跑道平整度评估方法以及 Cardoso 提出的均方根标准,分别给出了跑道纵向坡度为 0,0.1%,0.3%,0.5%,0.7%,1%,1.2% 和 1.5%,覆盖层厚度在 100 mm 以下的曲线。

2004 年 Dong 等[62]经过研究,表明评价机场道面平整度的有效手段可以先通过测量道面的纵断面高程,进而利用仿真软件获取飞机在起飞、降落和滑跑的动力学响应。通过 TAXI 程序分别仿真了 B747 飞机和 B767 飞机在单条不平整测线和多条不平整测线输入下,飞机各部位的动力学响应。结果表明,二者在数值上相差不大,但是后者更接近实际情况。

2004 年 Chen 等[63]通过 APRas 仿真软件研究了跑道不平整的不同波长对飞机动力学响应的影响,并提出通过飞机重心处竖向加速度响应评价跑道的平整度状况[64]。

2005 年刘克格等[65]以战斗类飞机和运输类飞机的主起落架为例,通过测量飞机滑行的载荷谱,利用疲劳损伤 Miner 准则对其疲劳寿命进行了估算。计算结果表明,战斗类飞机和运输类飞机主起落架在着陆滑行段所造成的损伤分别占各自总损伤的 75% 以上和 60% 以上,运输类飞机在着陆瞬间的撞击对主起落架所造成的损伤约占总损伤的 40%。因此,跑道平整度对飞机疲劳寿命影响很大。

2006 年 Boudreau 等[66]利用水准仪测量了亚特兰大杰克逊国际机场 8L-16R 跑道的平整度,并通过仿真软件预测了飞机的动力学响应,分析了不同滑行速度、不同起伏的频率、起伏的长度、起伏的高度对飞机振动的影响,分别用 16 ft 和 100 ft 的直尺,研究该跑道在定直尺下的最大间隙。研究表明,在跑道端头位置,道面不平整情况更为显著。

2006 年周晓青[67]以二自由度飞机起落架模型为例,分析了机场不平整度引起的飞机动荷载,并计算了不同速度、波长、频率以及不同变化率下的动载系数影响变化。通过机构系统动力学自动软件(Automatic Dynamic Analysis of Mechanical Systems,ADAMS),以自带的虚拟样机为例,模拟仿真不同路面下飞机滑行的加速度,并以此反算得到机场道面 IRI 评价标准。

2006 年 Song 等[68]介绍了 FAA 机场道面纵断面平整度分析系统。该系统由惯性仿形装置和计算机程序组成,惯性仿形装置专门用于测量机场道路的纵向高程剖面,计算机程序则用于分析测量的纵向高程剖面并计算平整度指数。利用该仪器测量了 16 个机场跑道纵断面,并分析了四种不同的直尺长度(9.8,12,16 和 25 ft)下的间隙值。同年,

Múčka[69]回顾并对比了当前在国际上应用广泛的道路和飞机-跑道平整度评价指标。

2007 年 Cardoso[70]通过推导各类飞机最敏感波长与飞机速度和重量之间的关系,根据不同波长下控制振幅的标准,以最大值和标准差作为两项衡量指标,最终得到可接受的以及需要维修的振幅控制标准,如图 1.21 所示。同年,Cardoso[71]基于飞机和道面的相互作用特性对塔拉拉(Talara)机场跑道提出了最优的维修决策。

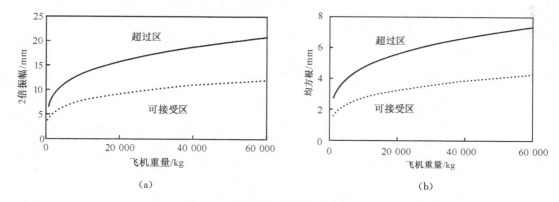

图 1.21　不同飞机重量下对应的振幅与均方根的控制标准

2007 年美国 APR 咨询工程有限公司的 Gerardi[72]认为飞机在跑道上滑跑所产生的振动是由道面的凸起导致的,跑道上短波不平整会导致起落架的振动,而长波不平整将造成整个机身的颠簸。尽管飞机在地面上起降落只持续 30 s,但在这个过程中,飞机的疲劳寿命已经占整个地-空-地疲劳寿命的一半。同时,高速中断起飞是民航客机运行过程中最危险的工况之一,而跑道不平整将导致情况进一步恶化。因此,建议将平整度水平对中断起飞产生的不利影响进行量化,并且把平整度水平纳入到飞机决断速度的制定过程中。同年,Gerardi 出版了机场水泥道面平整度的参考手册[5]。

2008 年 Woods[73]借助 ProFAA① 计算了 5 条飞机-跑道直尺下最大间隙(Straight Edge,SE)、BBI、IRI、PI、RMS 指标的分布;采用 APRas 软件仿真 B737 飞机在 20~45 kn 速度下的动力学响应;基于 MATLAB 软件对 5 条跑道进行了小波分析,并以 95%分位作为峰值,以皮尔森系数表征各平整度评价指标与飞机响应之间的相关性。

2009 年 Larkin 等[74]分析了跑道平整度在机场道面管理中的重要性,并阐述了 FAA 在机场道面管理系统中对跑道平整度的评价体系。

2009 年 Van 等[1]以旧金山机场 28R 跑道为例,评估了波音公司提出的 Boeing Bump 方法和 ICAO 提出的 3 m 直尺下 3 mm 最大间隙和飞机重心加速度不超过 0.4g 方法的适应性。研究指出,目前许多激光传感器只能测量到 45 m 以下的不平整波长,但是飞机敏感波长可能会达到 120 m。ProFAA 只可以仿真飞机的滑行,但是 APRas 可以仿真飞机的着陆和起飞。研究表明,这两种方法都能推出跑道不平整位置,且与飞机的动力学响

---

① 由 FAA 开发的跑道平整度分析软件。

应吻合度较高,具有推广性。

2009 年 Woods 等[75]利用 ProFAA 统计平整度指标和 APRas 计算飞机动力响应。对 B737 机型仿真后发现,PI 和归一化能量(Normalized Energy,NE)不太适合作跑道平整度指标,而在短间隔统计段内,IRI 的适应性更强。

2011 年 Liang 等[76]利用 ADAMS/Aircraft 中自带的虚拟样机模型,以白噪声随机激励为输入,仿真获取飞机滑行前起落架和主起落架的动荷载,结果表明,跑道不平整度等级是飞机振动响应的主要影响因素。

2011 年 Zhang 等[77]将飞机模型简化为二自由度刚度-阻尼系统(图 1.22),通过理论推导,表明典型机型在 $10 \sim 20$ m/s 滑行速度下,动载系数将达到最大值(图 1.23)。

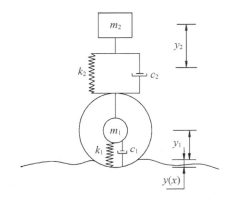

图 1.22 二自由度刚度-阻尼系统

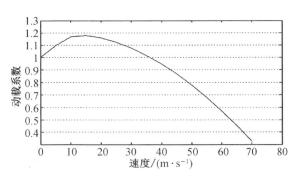

图 1.23 不同速度下的动载系数

2011 年王维等[78]通过小波理论分析了机场刚性道面跑道平整度的波形特征,利用 MATLAB 获得了不同高频下纵断面长波和短波的具体波动幅度及位置,可作为 IRI 指标的一种补充。

2012 年 Song[79, 80]分析了由 FAA、波音公司和 APR 咨询工程有限公司所测量的丹佛国际机场 07-25 号跑道从西至东 3 554 m 长度的剖面高程数据,FAA 在 2008 年使用统一惯性断面仪进行测量,波音公司于 2008 年使用型号为 SurPro 1000 的倾角仪进行测量,APR 咨询工程有限公司在 2006 年使用自动水准仪进行测量。图 1.24 结果表明,不同种类的跑道平整度检测设备对测量结果影响较大,波音公司和 APR 公司的数据更为接近。

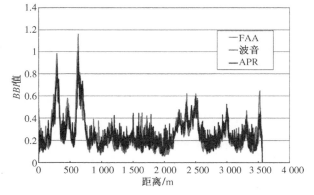

图 1.24 不同公司测量的跑道纵断面

2012 年梁磊等[81]利用 ADAMS 中自带的标准机型,分析了飞机不同着陆俯仰角、滚转角、初始下降速度和初始机轮离地距离等主要参数,对飞机着陆时道面竖向荷载、纵向水平荷载和横向水平荷载的动态响应规律进行研究。

2013 年 1 月,为了研究跑道平整度可接受的限值,FAA 借助了位于俄克拉何马城的迈克・蒙罗尼航空中心(Mike Monroney Aeronautical Center,MMAC)的 B737-800 驾驶模拟器,开展了 12 次驾驶模拟器试验。该驾驶模拟器支持真实飞机-跑道纵断面数据导入,共计 6 个自由度。试验一共安排了 36 位驾驶员[82, 83]。模拟场景如下:①20 条真实的滑行道数据,速度为 20 kn;②20 条真实的跑道数据,速度为 100 kn;③20 条通用的滑行道数据,速度为 20 kn;④20 条通用的跑道数据,速度为 100 kn;⑤37 条真实的滑行道数据,速度为 20 kn;⑥37 条真实的跑道数据,速度为 100 kn;⑦3 条通用的滑行道数据,速度为 20 kn;⑧3 条通用的跑道数据,速度为 100 kn。驾驶员评分标准为 0～10:可操作性为 0 表示不通过,10 表示可操作性好。将驾驶模拟器的数据与 ProFAA 软件相比较,结果表明驾驶模拟器最终获得的加速度值都稍大,如图 1.25 所示。

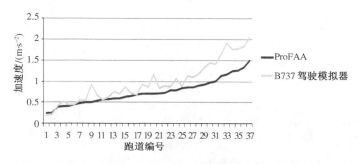

图 1.25 ProFAA 与 B737 驾驶模拟器(以跑道不平整为输入的)飞机加速度加权均方根数据比较

2016 年 FAA 出台了关于 A330-200 机型的驾驶模拟器报告。这次共模拟了 12 个测试场景,一共有 25 位飞行员参与试验,试验收集了驾驶舱的加速度和飞行员的主观评分。

2014 年 Song 等[4]研究了纵断面高通滤波对 BBI 和飞机加速度响应的影响。事实上,在 FAA 的《机场道面不平整测试指南与程序》(AC 150/5380-9)文件中不建议将带有高通滤波器的激光断面仪用于计算跑道的 BBI 或者飞机加速度。研究结果表明,机场跑道平整度应该考虑大于 100 m 的波长。

2014 年蔡宛彤等[84]利用 ADAMS 对飞机作用下的道面动态响应进行了分析,以 3 m 波长作为道面的最不利波长,分别分析了 A 级、B 级机场道面平整度的最大凹陷允许标准,该标准和飞机滑跑速度密切相关。

2015 年 Emery 认为飞机和汽车构造上的不同使飞机-跑道和道路的平整度应该分开评价。飞机噪声对乘客舒适性的影响比平整度更大,跑道不平整对飞机的疲劳寿命和飞机控制或者驾驶员读数更为重要。通常,当驾驶员对机场跑道平整度抱怨时,跑道的平整度肯定是存在问题的。该研究比较了某机场跑道的 BBI 和 IRI,发现二者没有相似的趋势;且 BBI 只能评价单个隆起,但对飞机颠簸而言,经常是由多个连续的隆起造成的,有可能每个隆起都可以被 BBI 接受,但是合起来就可能超过飞机接受的极限了。2015 年 Mesher 等[85]综合分析了收集的机场跑道表面纵断面数据。

2017 年,Loprencipe 等[86]利用 ProFAA 仿真模型对真实跑道剖面的平整度进行了评估,图 1.26 结果表明 IRI 与驾驶员座舱垂直加速度相关性较差,决定系数 R^2 只有 0.03;IRI 和 BBI 的相关性也较差,R^2 只有 0.59。剔除纵断面的长波后,IRI 和 BBI 相关性达到了 0.91,这表明二者对长波的敏感性差异大。此外,在考虑两种评价标准(南非采用的 2 m/km 和加拿大采用的 2.8 m/km)时发现,IRI 和 BBI 评价得到同一结论的概率为 50%。因此,IRI 可能会导致错误的维修措施,建议使用 Class I 设备计算 BBI 以进行飞机-跑道平整度的评价。

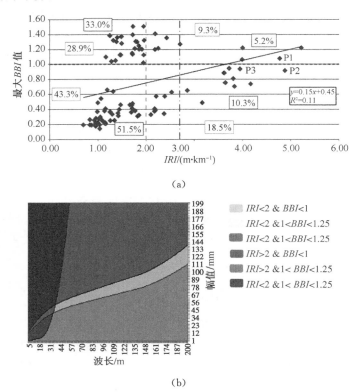

(a)

(b)

图 1.26 IRI 与 BBI 评价标准比较分析

2016 年程国勇等[87-89]建立了六自由度飞机模型,通过 Simulink① 软件输入 3 条测线后得到飞机的动力学响应;提出了新的道面整机平整度指数(Full Aircraft Roughness Index,FARI),并通过对比可知该指数相对于 IRI 更加适合评价机场道面的平整度。

2017 年凌建明等[90]通过 Simulink 软件建立了飞机和汽车的全自由度模型,分析了相同激励下飞机和汽车的动力学响应,结果表明,二者的响应差异较大,机场跑道不能沿用公路平整度的评价标准。同时,凌建明等[91]分析了 IRI 和飞机的敏感波段,IRI 对短波敏感而飞机对长波敏感,因此 IRI 并不适合评价机场跑道平整度。

2018 年 Gerardi 等[48]分析了临时施工坡道对飞机滑跑的影响,结果表明在坡道的前

---

① 是美国 Mathworks 公司推出的 MATLAB 中的一种可视化仿真工具。

后方若有不平整区域,增加临时斜坡将会加剧飞机的动力响应,如图 1.27 所示。将坡道摆置方向与飞机前进方向保持一致可帮助减少飞机的动力学响应。

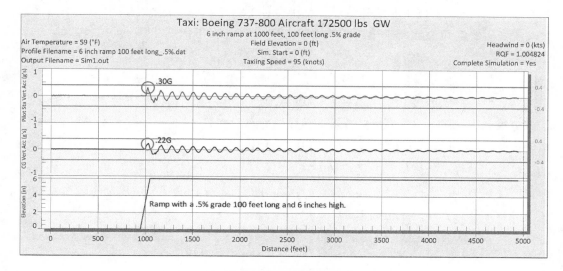

图 1.27　跑道增加临时斜坡对飞机的影响

2018 年凌建明等[92]通过虚拟样机技术详细分析了 Boeing Bump 方法不能处理连续起伏、最不利速度、评价指标单一和评价机型单一等问题。

2018 年 Major 等[93]阐述了从飞机机身上自带的加速度计以及航空电子系统中读取出来的数据可对跑道平整度进行有效预估,这是跑道平整度研究领域首次提出从飞机滑跑过程中提取的自身数据可反映飞机-跑道的平整度状况。如果能将飞机系统的数据输出,那么这种方案将对跑道平整度评价产生质的影响。

2021 年,Liu 等[94]采用余弦函数作为不平整输入,利用 ADAMS 分析了飞机振动的叠加效应并对 Boeing Bump 方法进行了改进。

1.1.4　飞机-跑道不平整评价指标

1. 直尺下最大间隙 SE

直尺下最大间隙 SE 是一种确定波长(即直尺长度)下纵断面高程变化程度的评定指标。FAA、ICAO 以及 USACE 推荐采用不同长度的直尺以及不同的控制标准(表 1.1)。

SE 的主要问题在于表 1.1 中任一固定长度的直尺长度,其所代表的波长不是飞机滑跑动力响应的敏感波长,而且与道面不平整激励下飞机实际的振动状态之间缺乏明确的映射关系,即无法通过 SE 推断飞机在该纵断面滑跑状态下的动力响应程度。

2. 功率谱密度 PSD

PSD 是将“纵向距离-相对高程”序列通过傅里叶变换转换成“不同波长-相对高程均方差”序列,计算纵断面不同波长下高程变化均方差的累计值,是表征纵断面高程变化的频谱分布特征参数之一。PSD 是机场道面平整度评价最早采用的方法之一,与 SE 相比,该指标考虑了不同波长下的高程变化规律,如果作为平整度评价指标,需要建立 PSD 与载运工具动力响应之间的映射关系。但是,目前 PSD 评价中缺乏这方面的研究成果,PSD 在纵断面数值表征方面的问题主要是 PSD 不能反映不同频域铺面高程变化的空间位置信息,而铺面高程变化的空间位置对于飞机滑跑(特别是高速滑跑)下的随机振动状态将产生重要影响。

早期机场道面平整度评价大多采用 PSD 进行评价,通过水准仪实测跑道的纵断面相对高程后变换得到道面 PSD。道面 PSD 的物理意义是纵断面高程平方后,沿纵断面距离的积分求和量。因此将纵断面的高程起伏视为“距离-高程”满足平稳随机分布的信号波,依据道面 PSD 的物理意义即可进行道面 PSD 计算。根据瑞利能量定理,即一个函数平方的和(或积分)等于其傅里叶变换式平方之和(或者积分)。当计算道面 PSD 时,首先通过傅里叶变换,将“距离-高程”转换为“波长-高程”的形式,见式(1.5),然后通过求解不同波长下高程平和的方式确定道面 PSD。

$$\int_{-\infty}^{\infty} \mid x(t) \mid^2 \mathrm{d}t = \int_{-\infty}^{\infty} \mid X(f) \mid^2 \mathrm{d}f \tag{1.5}$$

式中,$X(f)$ 为 $x(t)$ 的连续傅里叶变换;f 为 x 的频率分量。

道面 PSD 可直观地反映道面平整度的平均水平,但是无法区分一定长度的道面到底是小幅度多波动还是大幅度少波动的形式。然而,在飞机滑跑过程中,纵断面上一个大的起伏和一系列小的起伏对飞机减震系统的动力影响存在显著差异。因此,PSD 方法存在以下局限性:①在同一波长下,PSD 无法区分是数量少、振幅高的凹陷还是数量多、振幅低的凹陷;②当跑道需要维修时,无法发现维修的位置,因为 PSD 会丢失空间位置信息;③PSD 仅考虑单条测试的平整度状况,并不能表征横向上并列的凹陷;④飞机起飞与降落都不是匀速,会出现一系列相互作用的情况。

3. 国际平整度指数 IRI

公路路面平整度评价目前普遍采用 IRI 评价模型。20 世纪 80 年代之前,世界各国公路采用不同的平整度评价模型,模型之间并不等效,在测试方法、评价指标和标准上表现不尽相同。因此,需要研究建立一个通用的、标准的平整度评价模型。IRI 最初的定义就来自于 1981 年美国国家公路合作研究计划(National Cooperative Highway Research Program,NCHRP)的报告[95]。

1982 年,为了在世界范围内推出一个能够得到广泛应用的路面平整度指标,世界银行组织通过国际道路平整度试验(International Road Roughness Experiment,IRRE)在巴西开展了公路平整度评价模型的专项研究[96]。项目研究团队来自巴西、英国、法国、美国和比利时,主要研究内容是通过建立纵断面指标和车辆动力响应之间的映射关系,构建一个具有“时间稳定性、可移植性、有效性、客观性”特点的路面平整度评价模型。

IRRE 在项目研究中选择了 4 种路面结构形式(沥青路面、表面处治路面、碎石路面和土路面),选取 49 个路段(共 320 m)作为样本路段进行了广泛的现场测试工作。测试工作既包括对各个路段的静态纵断面高程测量（利用水准测量和静态贝克曼梁法测得），也包括动态纵断面相对高程测量。项目组对纵断面测量数据进行了频谱分析，结果表明，纵断面的 PSD 在低频（短波）范围和高频范围内均较为集中（图 1.28）。

同时，项目组采用 7 类反应类测试系统对样本路段进行了测量和数据分析，结果表明各类反应类路面不平整测试系统（Response Type Road Roughness Measuring Systems，RTRRMSs）测试结果之间具有良好的相关性，其中测试速度对结果具有较为显

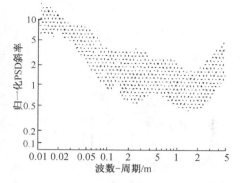

图 1.28　纵断面功率谱在频段内的分布

著的影响，将反应类测试结果与断面类测试结果对比，可以发现断面类指标与反应类指标之间相关性强，即纵断面不平整激励与车辆动力响应之间存在确定的映射关系。考虑到反应类测试系统不能充分反映不同车辆的动力响应，以及反应类测试系统的设备参数需要进行定期标定才能具有良好的时间稳定性等问题，项目组提出了路面平整度评价模型构建的技术思路：构造一个能够反映车辆行驶动力响应特征的、虚拟的数学模型，并以此作为"桥梁"，通过纵断面数据测量来评价车辆动力响应情况。在该技术思路下，项目组采用了虚拟 1/4 车模型分析纵断面不平整激励与车辆动力响应之间映射关系的数值仿真模型。

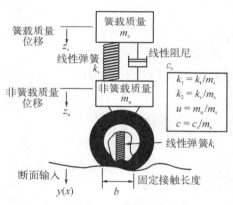

图 1.29　1/4 车模型

虚拟 1/4 车模型实际是模拟了车辆后轴的一个减震悬挂系统，具体见图 1.29，纵断面不平整激励与车辆动力响应之间映射关系的数学模型可采用两个方程表征，如式(1.6)和式(1.7)所示。

$$m_u \ddot{Z}_u - c_s(\dot{z}_s - \dot{z}_u) - k_s(z_s - z_u) + k_t[z_u - y(x)] = 0 \qquad (1.6)$$

$$m_s \ddot{Z}_s + c_s(\dot{z}_s - \dot{z}_u) + k_s(z_s - z_u) = 0 \qquad (1.7)$$

将式(1.6)和式(1.7)两边分别除以 m_s，得到式(1.8)和式(1.9)：

$$u \ddot{Z}_u - c(\dot{z}_s - \dot{z}_u) - k_2(z_s - z_u) + k_1[z_u - y(x)] = 0 \qquad (1.8)$$

$$\ddot{Z}_s + c(\dot{z}_s - \dot{z}_u) + k_2(z_s - z_u) = 0 \qquad (1.9)$$

式中，$y(x)$ 为纵断面测试数据，0.25 m 距离内纵断面高程起伏；其余符号含义见图 1.29。IRI 在距离 L 内的计算式为

$$IRI = \frac{1}{L} \int_0^L |z_s - z_u| \, \mathrm{d}x = \frac{1}{vt} \int_0^t |\dot{z}_s - \dot{z}_u| \, \mathrm{d}t \qquad (1.10)$$

式(1.8)表明,虚拟 1/4 车辆的动力响应与车辆减震系统自身的模型参数、测试车速相关参数以及纵断面起伏有关,而且当前的响应与之前纵断面起伏引起的动力响应有关。虚拟 1/4 车辆能否合理地表征实际车辆行驶过程中的动力响应取决于模型参数的取值是否合理,即车辆减震系统自身的模型参数与测试车速相关参数是否合理。

在 IRI 模型中,表征纵断面起伏的特征参数没有直接采用虚拟 1/4 车模型中 0.25 m长度范围内的平均坡度,而是采用了移动平均坡度指标。该指标被定义为"参考平均修正坡度"(Reference Average Rectified Slope, RARS),即当实际路面平整度测试系统处于一定速度行驶过程中,给定距离内所采集的纵断面相对高程数据的平均坡度,其单位为m/km。

为了合理确定 IRI 模型中的各项参数,IRRE 基于样本路段(后续在其他国家的路段也进行了一些数据补充和校验工作)开展了大量的现场测试与数据回归分析工作,主要将虚拟 1/4 车模型仿真得到的数据与各类经过严格标定的 RTRRMSs 测试结果在样本路段的测试数据进行校验,以确保虚拟 1/4 车模型能客观地反映实际车辆行驶过程中的动力响应。最终虚拟 1/4 车辆模型参数为:$c=6.00\ \mathrm{s}^{-1}$,$u=0.15$,$k_1=653\ \mathrm{s}^{-2}$,$k_2=63.2\ \mathrm{s}^{-2}$,$v=80\ \mathrm{km/h}$。

实际情况表明 IRRE 构建的 IRI 模型是成功的,其能够作为公路路面平整度状况评价的技术依据,并已经在世界各国得到广泛应用。其技术思路值得被将要构建机场道面平整度评价的模型借鉴,但是机场道面平整度评价无法直接采用基于虚拟 1/4 车模型的IRI 模型。

虚拟 1/4 车模型对于短距离内纵断面的高程起伏较为敏感,同时研究表明 3 m 左右的短波对 IRI 模型影响最大,这是因为简化后的动力响应模型中当前车辆动力响应仅与相邻间隔的纵断面高程测点的动力响应有关,这一简化与汽车的实际情况也较为吻合。但是,飞机的轴距较汽车大很多(一般飞机轴距大于 10 m),加之滑跑速度更快(飞机滑跑速度约为 130 km/h 甚至更高),飞机在滑跑过程中的动力响应还受到机翼升力的显著影响,因此,在机场道面平整度评价模型的构建中,沿用 IRI 模型中的动力响应数学模型[式(1.6)—式(1.10)]的形式,即使通过调整模型参数也并不能合理地建立纵断面不平整激励与飞机高速滑跑动力响应之间的映射关系,而建立基于全起落架构型(包含鼻轮起落架和主起落架),同时考虑机翼升力影响的数学模型是构建机场道面平整度评价模型的关键技术之一。

由于飞机滑跑速度快、轴距长,飞机当前动力响应与之前更远距离内纵断面起伏引起的动力响应有关,即由于消散距离长,飞机高速滑跑动力响应的叠加效应必须予以考虑,需要在短波平整度激励产生的动力响应基础上,叠加长波平整度激励产生的动力响应。在纵断面特征参数表征(即机场平整度物理指标构造)方面,不宜沿用 IRI 模型中的RARS,而应考虑构建一个在相对较长距离内能客观反映飞机高速滑跑动力响应叠加与消散规律的纵断面高程变化程度的指标,该指标应由飞机高速滑跑动力响应消散规律确定。

4. 波音平整度指数 BBI

从 19 世纪 60 年代开始,研究学者发现由于飞机滑行速度的提高,敏感波长将达到 150 m,在跑道上不考虑长波是不合理的。这些研究表明不平整的跑道对飞机的影响较大且不同形式的不平整对飞机影响相差较大。当时的研究学者也逐步开展了飞机足尺试验来进行更深的研究,以期待能合理地对飞机-跑道进行维修。比较著名的是波音公司开展的道面平整度的专项研究[43]。埃塞俄比亚首都亚的斯亚贝巴博莱机场的飞机-跑道平整度较差,飞行员在使用该跑道时感受到剧烈的颠簸,报告显示颠簸的剧烈程度与速度、隆起长度和行驶方向有关,因此,1968 年埃塞俄比亚航空公司委托波音公司对其首都亚的斯亚贝巴博莱机场的状况进行评价。波音公司主要根据机场跑道纵断面高程测量的结果,结合现场实机滑跑动力响应的检测,采用给定波长范围内的最大隆起量(图 1.30)作为道面平整度评价的指标,初步建立了基于 Boeing Bump 的平整度评价标准,采用该标准对亚的斯亚贝巴博莱机场跑道纵断面进行评价的结果见图 1.31 所示,可见该跑道有 2~3 处区域道面纵断面的起伏超出了 Boeing Bump 的标准,通过道面维护后,飞行员就不再抱怨跑道的平整度问题了。

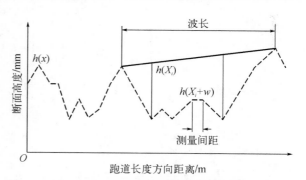

图 1.30　给定波长范围内最大隆起量

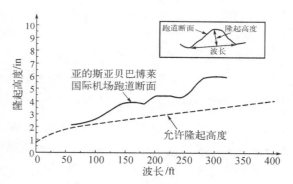

图 1.31　亚的斯亚贝巴博莱机场跑道纵断面评价结果

从 1973 年开始进行的研究中,波音公司预估了 B737 型飞机的滑行疲劳寿命,并制定了最初的三级平整度评价标准来进行预估。在 1974 年进行的研究中,确认了 B737 型飞机作用于三种等级道面时,飞机重心处的最大垂直向加速度分别为 $0.25g$、$0.55g$ 和 $0.80g$,垂直加速度会随着不平整程度的增加而提高,疲劳寿命随着不平整程度的增加而减小,因平整度而引起的加速度应该控制在合适的水平内,以使对飞机的累积影响达到最小化。

波音公司根据对 B737 型飞机进行的滑行疲劳试验结果,于 1975 年制定了第一版机场道面平整度评价标准,并于 1989 年发表。该评价标准一直沿用到 1994 年,其将跑道的平整度划分为可接受区、暂时可接受区、超过区以及不可接受区(图 1.32)。第一版平整度评价方法在经过数十年使用后,人们发现平整度值属于"暂时可接受区"的道面并没有发生任何因平整度而造成的飞行安全问题,这表明第一版的评价方法过于保守。因此,1994 年波音公司将第一版的评价标准加以放宽,将原为"暂时可接受"的区域纳入"可接受"的区域,成为现今使用的第二版平整度评价标准(图 1.33)。

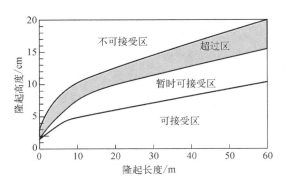

图 1.32　第一版平整度评价标准

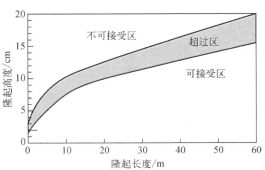

图 1.33　第二版平整度评价标准

FAA 对波音平整度评价模型的表述进行了形式上的简化,提出了 BBI,即实测隆起高度和边界容许隆起高度的比值,当实测隆起高度和可接受区边界隆起高度比值小于 1 时,道面的平整度处于可接受区(图 1.34)。

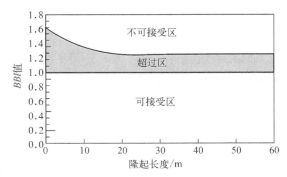

图 1.34　BBI 平整度评价标准

2015 年以来,波音公司的 Hagelin,Jack S 团队组织开展新一轮机场道面平整度评价模型的研究。研究重点主要在于解决现在的 BBI 评价模型中,基于单一隆起的纵断面高程变化的表征参数 Boeing Bump 无法全面合理地反映飞机动力响应的问题,即纵断面上可能存在一系列距离较近的、满足第二版波音平整度评价模型中的起伏,但是,飞机在该纵断面上滑跑过程中会因这些连续小起伏而引起飞机随机振动的叠加效应,这可能会造成超过技术许可的动力响应现象。

5. 行驶舒适度指标 RCI

加拿大运输局认为飞机大小和性能不一,对不平整的响应取决于飞机的类型,其中包括重量、升力、轮距以及速度,飞机响应也取决于凹陷或者隆起的连续性。一般而言,不平整道面主要有单个起伏和平均不平整两种情况,前者可以参考波音公司提出的 Boeing Bump 方法,后者采用行驶舒适度指标(Ride Comfortability Index,RCI)量化。目前,加拿大机场运输管理局主要采用 RCI 作为机场道面的评价指标[97]。

RCI 主要通过 IRI 和竖向加速度均方根值(Root Mean Square of Vertical Acceleration,RMSVA)两个指标进行计算,具体见式(1.11)和式(1.12),最终的 *RCI* 值取二者计算的较大值,相应的 RCI 评价标准如表 1.4 所列。

$$RCI = 10 \times e^{-0.255 \times IRI} \tag{1.11}$$

$$RCI = 10 \times e^{-0.336 \times RMSVA} \tag{1.12}$$

表 1.4　机场跑道平整度 RCI 评价标准

道面设施类型	道面维修计划	喷气式	非喷气式
跑道	必须计划	$RCI \leqslant 5.0$	$RCI \leqslant 4.0$
	可以进行	$RCI \leqslant 4.5$	$RCI \leqslant 3.5$
	必须进行	$RCI \leqslant 4.0$	$RCI \leqslant 3.0$
滑行道	必须计划	$RCI \leqslant 4.0$	$RCI \leqslant 3.5$
	可以进行	$RCI \leqslant 3.5$	$RCI \leqslant 3.0$
	必须进行	$RCI \leqslant 3.0$	$RCI \leqslant 2.5$

IRI 在上文中已经阐述，本节重点阐述 RMSVA 的计算原理。RMSVA 可以对跑道的每 100 m 分段计算或者对整条跑道计算，值得说明的是，RMSVA 计算的是纵断面高程的均方根值，相应的步骤如下。

① 首先推导某一位置高程点与相邻位置高程的相对斜率：

$$s_1 = \frac{y(x) - y(x-k)}{k} \tag{1.13}$$

$$s_2 = \frac{y(x+k) - y(x)}{k} \tag{1.14}$$

② 计算该点处的竖向加速度值：

$$VA = \frac{s_2 - s_1}{k} = \frac{y(x+k) + y(x-k) - 2y(x)}{k^2} \tag{1.15}$$

③ 对于不平整跑道的 n 个离散点，计算该段的竖向加速度均方根值 $RMSVA$：

$$RMSVA = \sqrt{\frac{\sum_{i=k+1}^{n-k} VA(i)^2}{n-2k}} \tag{1.16}$$

6. 断面指数(Profile Index, PI)

断面指数 PI 也是平整度的一个评价指标，加利福尼亚断面仪可直接计算得到断面指数 PI。计算方法为事先将加利福尼亚断面仪或者其他设备测量的纵断面高程数据用 1:300 的比例尺描绘出道面的不平整曲线，然后将空白带置于不平整曲线的中心位置，具体可见图 1.35。由于空白带是一个统一的高度，因此，空白带将不平整曲线上下分割为多个扇形，通过量测每个扇形的最大高度，并将所有的最大高度求和，再除以水平距离后可得到断面指数 PI，单位为 m/km，式(1.17)中 s_j 为第 j 个扇形区域，m 为该空白带下扇形区域的个数，L 为纵向长度。空白带的高度由各个部门规定，一般为 0~10 mm，FAA 常用的空白带高度为 5.08 mm。最终，PI 的计算公式见式(1.17)：

$$PI = \frac{\sum_{j=1}^{m} \max(s_j)}{L} \tag{1.17}$$

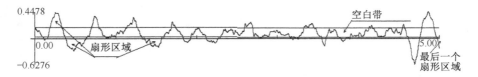

图 1.35   加利福尼亚断面仪计算剖面指数 PI

1.1.5   飞机子系统随机振动研究

飞机-跑道是互相反馈、彼此影响的相互作用系统,包括飞机、跑道两个子系统。多数学者通常将其分为飞机和跑道两个独立的子系统进行研究,也有少数学者对飞机-跑道相互作用的整体系统进行了研究。因此,第 1.1.5、1.1.6、1.1.7 三节分别从飞机子系统、跑道子系统、飞机-跑道相互作用系统三个方面回顾了相关研究。其中第 1.1.5 从功率谱分析、仿真软件分析两个角度回顾飞机子系统的随机振动研究。

1. 飞机滑跑随机振动功率谱分析的发展

自 1905 年爱因斯坦研究布朗运动开始,随机振动就进入了学术研究范围。1958 年,随机振动应用学术会议在麻省理工学院召开,标志着随机振动成为一门具有广泛工程背景的技术学科。随着大跨度桥梁、大型水坝、车站和体育馆等各种大跨度公用建筑的蓬勃发展,工程界急切需要研究大跨度结构的不同支撑点受到非一致随机地震激励的结构响应计算方法。在这种工程需求驱动下,随机振动理论从单自由度朝着多自由度、单输入单输出朝着多输入多输出、近似解朝着精确解、平稳激励朝着非平稳激励、单系统朝着系统耦合的方向发展。

在大跨度结构抗震分析上所取得的突破,也为列车和车辆多个轮子受不平整激励而发生的随机振动计算带来了新的突破。事实上,列车和车辆做匀速运动时所受的不平整激励可以模拟为大跨度结构受平稳随机地震激励的作用;而做非匀速运动时,可模拟为受非平稳(演变)随机地震激励的作用;在同一纵断面上各车轮所受轨道不平整度的激励之间只有相位角的差异,这与桥梁各桥墩受随机地震波激励时的行波效应在数学表达上完全一致。近年来,研究不平整激励下随机振动成果丰富,主要集中在车辆受路面不平整激励及列车受轨道不平整激励的影响。

在列车受轨道不平整激励而产生随机振动的研究方面,西南交通大学和大连理工大学积累较深厚,其成熟的成果能综合利用虚拟激励法、精细积分法、统计线性化方法、蒙特卡洛分析方法对多自由度、不确定参数车-桥耦合系统的随机振动特性进行分析。因为路面不平整数字模型较为成熟,所以车辆受路面不平整激励随机振动研究成果也更丰富。

相比较而言,飞机滑跑受跑道不平整激励随机振动的研究较少,除了前文提到的缺乏跑道平整度数字模型外,飞机合理参数的获取也是一大难点。在飞机滑跑随机振动功率谱分析上,国外学者率先展开研究。Tung[23]采用等价线性化方法解决非线性油液阻尼力问题,通过随机振动理论处理了飞机单自由度振动问题。Kirk[98]通过等效线性化手段处理多自由度的飞机,求解了在平稳高斯激励下飞机滑跑动力学响应。刘莉等[99,100]学者通过频域分析方法研究了四自由度的飞机起落架模型的滑跑过程,借助随机振动理论优化分析得到了一组缓冲器设计参数;张江监等[101]将飞机地面变速滑跑问题看作线性系统平稳随机激励下的荷载识别问题,实现了从飞机加速度响应反识别起落架滑跑荷载谱;聂宏等[102]通过随机振动理论分析了不平整激励对变速滑跑飞机起落架的动态特性;2006年李思政[103]提出了多轮多支柱起落架的滑跑响应分析;2009年张明[104]将飞机简化为二自由度起落架模型,并对弹簧力和阻尼力进行了当量线性化假设,提出了对非对称非平稳激励下非线性系统的随机中心差分法;2009年周芳春[105]考虑了多轮多支柱式飞机起落架在各轮之间的位移激励相干性,并编制了计算多种随机荷载形式的谱分析程序;2014年贾腾[106]通过简化的二自由度飞机起落架模型,建立系统的非线性方程,并通过时域数值分析法求解了起落架的动力学响应。

综上所述,在不平整激励下,飞机在跑道上滑跑比车辆在路面上行驶更为复杂,如飞机起落架的非线性、飞机起降的变速滑跑、飞机升力的存在、飞机与沥青道面的耦合等问题。目前在飞机滑跑随机振动频域分析方面的研究仍然较少,且大多数都是针对起落架单个系统模型的研究,因此有必要全面系统地分析飞机整机模型关键部位振动功率谱响应特性。

2. 飞机滑跑动力学仿真方法的比较分析

直接采用实机滑跑足尺试验费时费力,而且还不能分析多种工况,可行性低,因此,通过仿真程序实现飞机滑跑时域动力学分析更为合理。早期研究人员大多是基于飞机动力学方程,采用泰勒展开或者Newmark方法进行时域数值分析[32]。这种方法大多是基于线性系统,对数学和力学要求高,且对多自由度系统求解复杂。随着计算机性能的提升和软件的升级,21世纪后越来越多的研究转向仿真平台软件。经过深入调研发现,Simulink、ProFAA、APRas、虚拟样机和驾驶模拟器等软件与技术在飞机滑跑动力学仿真方面应用广泛。

1)Simulink

凌建明等[91]详细论述了飞机和车辆在动力学模型上的差异,并定量解析了飞机和汽车在不平整激励下动力学响应在不同环境影响因素作用下的演化特性,建立了A320飞机五自由度振动模型(图1.36)和汽车振动模型,并详细表达了Simulink仿真流程,如图1.37所示。

刘诗福等[107]认为飞机滑跑的侧倾转动不能忽略,在图1.36所示的动力学模型上加入了飞机侧倾转动的自由

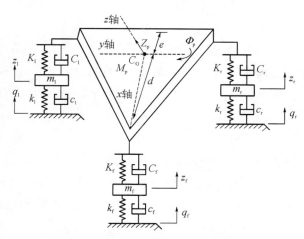

图1.36 五自由度飞机动力学模型

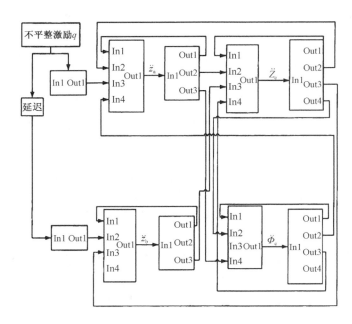

图 1.37　Simulink 仿真流程

度,并建立了代表飞机的六自由度 Simulink 仿真流程。林可心等[108]建立了飞机起飞、着陆、滑跑过程的微分方程并进行了解算;基于飞机滑跑过程的微分方程采用 Simulink 对飞机起降性能进行建模和仿真,记录数据、理论结果和仿真结果三者对比验证了所建立的仿真模型是有效的。程国勇等[87]从三自由度飞机模型出发,在 Simulink 环境中对飞机的三自由度振动方程进行求解,分别得到了飞机机身的纵向俯仰角、横向滚动角和质心处的竖向位移,并在这三者的基础上计算出道面整机平整度指数。程国勇等[109]以不均匀变形道面为输入,建立了飞机二自由度振动简化模型与振动方程,并基于 Simulink 构建了不均匀变形道面的仿真评价系统。Sivakumar 等[110]和 Toloei 等[111]通过 Simulink 实现了不平整度对全机滑跑动力学响应分析,并对比了起落架主动着陆系统相对于被动着陆系统的优势。

综上所述,对于线性模型的飞机滑跑振动动力学仿真,只需将多自由度飞机振动微分方程组构建正确,Simulink 就可以方便、快速地仿真求解,对于整机模型也非常便捷。但是在飞机升力和复杂轮胎模型方面,Simulink 的处理效果并不理想。

2）ProFAA

ProFAA 是 FAA 针对机场道面平整度指标计算以及机型振动响应仿真的软件,输入文件为 pro 格式,txt 和 xls 等格式的数据需通过配套的软件 Convert ProforMat 进行转换,默认输入的平整度数据间隔为 0.25 m,且只能输入二维纵断面数据。根据跑道纵断面数据,该软件能自动计算出 5 项跑道平整度评价指标,包括 SE、BBI、IRI、PI 以及空白带均方根指数（Root Mean Square，RMS）。

ProFAA 是少数能提供不平整激励下飞机滑跑仿真的免费软件之一,如图 1.38 所示。目前的 ProFAA 版本中飞机类型只有 B727、B747、DC-9、DC-10 共四种机型,仿真速度在 10~100 kn 范围内变化,其可分别收集飞机重心处的加速度、驾驶舱处竖向加速度、前起落架动载系数和主起落架动载系数(左、右)的时域曲线。

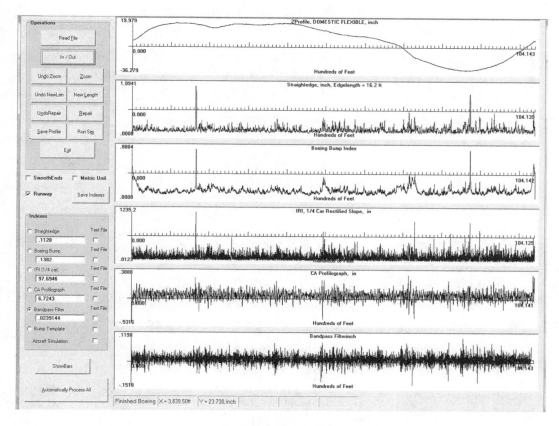

图 1.38 ProFAA 仿真飞机动力学响应

国外学者借助 ProFAA 软件对跑道平整度作了相应的研究。2005 年,在加拿大伊卡卢伊特机场 16~34 号跑道的检测报告中,研究者就飞机-跑道平整度作了详细的专项检查。将采集后的数据输入 ProFAA 软件,并结合 GIS 技术展示该机场跑道的 BBI 的分布,如图 1.39 所示。

图 1.39 基于 ProFAA 计算的 BBI 指标分布

2008 年 Woods[73]基于实测的 2 200～3 700 m 长的 5 条跑道,借助 ProFAA 计算了 5 条跑道 SE、BBI、IRI、PI、RMS 指标的分布;Van 等[1]对旧金山机场 28R 跑道平整度的研究表明,尽管 ProFAA 只可以仿真飞机匀速滑行,但该方法仍能测出跑道不平整位置,且与飞机的动力学响应吻合度较高,证明了 ProFAA 具有一定推广性。

然而,ProFAA 软件也存在缺点,如只能仿真飞机匀速滑跑情况,不能模拟起降变速滑跑;只能在软件界面中展示动力学响应曲线,不能输出具体的数值;可代表的机型偏少,只有 B737 和 B747 在民航市场上运行;软件进行了封装,无法查看机型的具体参数和力学模型;软件仿真的准确度不高,FAA 关于驾驶模拟器的报告表明,ProFAA 软件仿真结果与驾驶模拟器的数据结果存在一定的差别[82]。

3）APRas

Gerardi 为原 NASA 研究人员,也是早期开展飞机-跑道平整度研究的学者之一,在 20 世纪 60 年代参与了两次不平整跑道下的飞机滑跑足尺试验。由 Gerardi 开发后改进完善的飞机滑跑仿真程序 TAXI2 同时考虑了飞机的升力和推力,可作用于飞机的重心处。该团队经过进一步优化和丰富机型库,在 1993 年将 TAXI2 程序更名为 APRas,并成立了美国 APR 工程咨询有限公司。

APRas 软件可以仿真飞机起飞、着陆、匀速滑跑,目前能模拟 14 种不同型号的商用客机,可以预测飞机滑跑过程中飞机重心和驾驶员位置的加速度响应、跑道动荷载。软件界面如图 1.40 所示,最下面是实测的跑道纵断面数据,软件仿真 B737-800 起飞过程中驾驶舱处加速度(Acceleration at the Pilot Station,PSA)和重心处加速度(Acceleration at the Center of Gravity,CGA)的变化曲线,如图中第一层折线和第二层折线(由上至下)所示,上、下两条虚线表示 0.4g 的水平,若变化超过了阈值,则表明跑道该处不够平整将导致乘客不舒适,应采取维修措施。

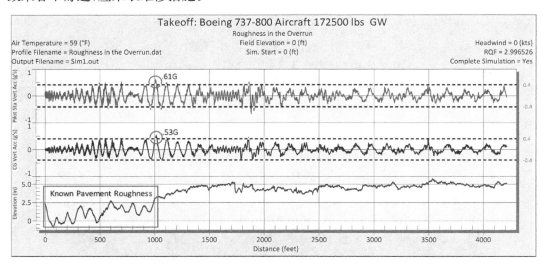

图 1.40　APRas 软件界面

尽管 APRas 为商业化软件,但由于该软件可模拟的机型丰富,且飞机动力学响应与实测结果相差较小,从 21 世纪开始国内外众多学者开始借助该软件进行跑道平整度研究。2000 年 Stet[52] 利用 APRas 软件研究跑道不平整对动载系数的影响,并将动载加载到典型柔性路面的线弹性模型和波特兰水泥混凝土(Portlard Cement Concrete,PCC)机场路面的板模型中,以确定动荷载对路面结构寿命的影响。2001 年 Filarski[54] 通过两个具体案例及相应的理论研究,验证了 APR 工程咨询有限公司开发的 APRas 仿真软件的准确性。2002 年 Katsura[55] 利用车载 GPS 和激光平整度仪,实测了日本东京机场的跑道纵断面轮迹线,对比结果显示,跑道端头的 PSD 比跑道中间段的更高,而且利用 APRas 软件模拟仿真发现,飞机在着陆过程中滑跑速度对飞机振动的 PSD 影响较大。2004 年 Chen 等[64] 利用 APRas 软件仿真并回归分析了飞机竖向加速度、动载系数和道面不平整波长的关系,结果表明,随着滑行速度的提高,飞机加速度和荷载峰值对应的波长也在增加,不平整对前起落架的影响更大,因此相比于乘客的不舒适性,飞机操纵的安全性更重要。滑行道上尽量不能出现 3.3~10 m 的波长,跑道上不能出现 10~50 m 的波长,最终回归出了最敏感波长与滑行速度、飞机重量以及轮距之间的关系,相关系数高达 0.87。

2006 年王维等[112] 首次借助 APRas 软件仿真飞机在两种平整度不同的跑道上滑行时的竖向加速度和动载,并分析了跑道道面平整度对飞机运行的影响。2006 年赵晓华等[113] 意识到国内民航采用 IRI 评价机场道面的适应性不强,从飞机的垂直动响应出发,提出了运用小波理论对机场道面平整度指标评定的新方法,并通过 APRas 软件比较了 IRI 评定指标与新提出的评定理论之间的差异。结果表明,新方法比 IRI 更能反映飞机的垂直动响应。2009 年 Van 等[1] 指出 ProFAA 只可以仿真飞机的滑行,但是 APRas 可以仿真飞机的着陆和起飞。研究表明这两种方法都能推测出跑道不平整位置,且与飞机的动力学响应吻合度都较高。

综上所述,美国 APR 工程咨询有限公司开发的 APRas 软件直接推动了飞机滑跑动力学仿真研究,众多学者借助该软件形成了丰富的研究成果。不过在 2010 年后,该公司不再对外商业化出售软件的使用权,转而提供飞机-跑道平整度测试与评价服务。目前,除了该公司外,全世界对该软件的使用几乎全部停止。

4) 虚拟样机技术

虚拟样机(Virtual Prototype,VP)技术是一种以计算机建模、仿真为基础的数字化设计方法,其在 20 世纪八九十年代得到一定的运用,目前已被广泛应用于制造业中。虚拟样机以 CAX 和 DFX 为基础,面向不同领域的设计需求,综合多学科技术,进而实现产品的快速设计、结构分析和性能优化。虚拟样机技术不仅为产品设计开发提供了新的有效途径,也为飞机地面动力学分析提供了一种更为有效、省时的新方法。

随着技术水平的进步,采用虚拟样机技术精细解析道面不平整激励下的随机振动状态具有可行性与可靠性。而通过有限机型的驾驶模拟器对所构建的虚拟样机全机仿真模型进行校验后,可以将虚拟样机模型作为飞机高速滑跑动力响应映射模型研究的主要工具。为了使飞机高速滑跑动力响应映射模型能够在实际工程中得到便捷的应用,可将虚拟样机在典型跑道纵断面上滑跑仿真得到的动力响应数据以关系型数据库的形式进行有效组织,如果新的机型出现也可以根据新机型的特点构建新的虚拟样机,并进行滑跑仿真后扩充飞机动力响应数据库。

德国宇航中心(Deutsches Zentrum für Luft-und Raumfahrt,DLR)以虚拟样机多体动力学软件 SIMPACK 为核心,联合 CAD 软件、FEA 软件和 CACE 软件,共同建立飞机虚拟样机模型,并与空中客车公司进行了合作研究[114]。随后,DLR 与利勃海尔公司(Liebherr Aerospace)合作,利用 SIMPACK 和 NASTRAN①建立了柔性起落架飞机模型,并对刹车引起的起落架走步振动问题进行了分析[115]。2015 年 Besch[116]对以 B777 和 A380 为代表的大型飞机起落架进行了简单的回顾,有助于人们进一步理解新一代大型飞机起落架的特点,从而建立合理的仿真模型。

国内学者针对不同飞机在多种运动状态下的地面动力行为开展了大量的仿真分析工作。方平[117]建立了小车式起落架全机动力学模型,并利用 ADAMS/Aircraft 进行了全机着陆及滑跑仿真试验。崔飞等[118]利用 CATIA 和 LMS Virtual Lab 对某支柱式起落架进行了收放及落震仿真分析,结果表明该方法可以实现起落架设计与分析的一体化,而且过程简单、可视化强、准确性高。洪学玲[119]建立了全机滑跑动力学方程组,并利用 ADAMS 进行了整机滑跑动力学仿真。张明等[120]利用 MATLAB、CATIA 和 ADAMS/Aircraft 联合仿真技术,对飞机转弯和刹车运动状态下的地面荷载和操控特性进行了分析。李佳滨等[121]利用虚拟样机技术对大柔性飞机着陆动态性能进行了仿真。杨尚新[122]利用 ADAMS/Aircraft 分析了具有单腔和双腔缓冲器的飞机在两种跑道上滑跑的动态响应。刘顺涛等[123]采用 CATIA 的运动学仿真模块数字样机(Digital Mock-Up,DMU)对起落架机构进行了仿真分析,有效模拟了起落架机构的实际运动状态,可以为其设计、优化及装配提供依据。

近些年来,也有学者将虚拟样机应用到道面的平整度评价中。周晓青、蔡宛彤等通过 ADAMS/Aircraft 模块中自带的虚拟样机模型,分别计算了 3 m 直尺下跑道和滑行道的最大间隙控制标准;梁磊等[81]基于 ADAMS 仿真确定了飞机着陆的道面动荷载以指导平整度评价标准的设定;朱立国等[124]分别建立了 A320、A330 和 A380 机型的虚拟样机模型,实现跑道不平整激励下飞机滑跑动荷载研究。

因此,虚拟样机不仅为飞机的设计和开发提供了一种强有力的工具,其也可用于飞机复杂操控状态下的地面动力荷载特性分析。虚拟样机可以对起落架和机轮进行精细化建模,进而考虑建立飞机六自由度的全机模型,结合控制系统实现对不同飞机地面运动状态的模拟和响应分析。虚拟样机技术较传统的建模方法具有实现方法简便、可以考虑复杂工况和分析结果准确可靠等优点。

通过 ADAMS/Aircraft 精细化构建各个机型的虚拟样机在技术层面是可行的,但是虚拟样机技术用于飞机滑跑动力仿真的准确度仍依赖于各个子系统的参数取值,主要包

① 于 1966 年为满足当时航空航天工业对结构分析的迫切需求由 NASA 主持开发的大型应用有限元程序。

括飞机重量、转动惯量、升力系数、起落架的空气弹簧力、油液阻尼力、摩擦力、轮胎的竖向刚度以及竖向阻尼等参数。这些参数在飞机手册上有所涉及,因此需要飞机制造公司提供必要的技术支持以及相应数据的验证,目前几乎没有学者对虚拟样机模型进行验证研究。

5）驾驶模拟器

近年来,随着模拟器技术的发展,研究机构提出一种多自由度飞机驾驶模拟器探究跑道平整度课题。飞机驾驶模拟器可根据输入的跑道平整度数据,模拟飞机滑跑过程中驾驶舱的振动响应。2009 年 FAA 通过了采用驾驶模拟器研究跑道平整度的可行性研究方案,在 2012 年 7 月邀请 12 位飞行员参与初步研究,并提供了主观的个人资料评估;2013 年 1 月,为了继续研究跑道平整度可接受的限值,FAA 借助俄克拉荷马城的迈克·蒙罗尼航空中心(Mike Monroney Aeronautical Center,MMAC)的 B737-800 驾驶模拟器,将真实跑道纵断面数据导入该六自由度驾驶模拟器中,开展 12 次驾驶模拟器试验,见图 1.41,收集了 36 位驾驶员的主观舒适性评价[82, 83]。

图 1.41　驾驶模拟器试验环境

2014 年 8 月,FAA 的报告中分析了道面不平整激励在驾驶模拟器中采集的动力响应数据与飞机驾驶员主观感受之间的关系。其中四项国际标准振动指标与驾驶员主观评分具有相关关系,并以 5% 的驾驶员不能接受为限值,最终结果如表 1.5 所列。

表 1.5　基于驾驶模拟器的国际标准振动指标不能接受的阈值

国际标准振动指标	不能接受阈值/$(m \cdot s^{-2})$
加权 RMS 值	≥0.35
加权最大瞬态振动值(MTVV)	≥0.68
加权四次方振动剂量值(VDV)	≥4.15
评估脊柱不适感的脊柱剂量指标	≥1.69

为进一步拓展驾驶模拟器机型,2016 年 FAA 出台了关于 A330-200 机型的驾驶模拟器报告,这次共模拟了 12 个测试场景,一共有 25 位飞行员参加试验,试验收集了驾驶舱的加速度和飞行员的主观评分[125]。

也有学者将仿真软件和驾驶模拟器相结合开展跑道平整试验。2010 年 Kanazawa 等人先通过 ARPas 软件计算获得仿真机型的加速度后导入 B747 和 DC9-81 驾驶模拟器中(图 1.42 和图 1.43),并通过驾驶员的主观反应进行评分,流程图如图 1.44 所示。试验对象为 14 位飞行员,其中 6 人是大型飞机飞行员,6 人是小型飞机飞行员,2 人来自国家航空管理局。试验结果表明随着跑道上错台和弯沉的增加,飞机滑行行驶质量和安全性降低。总体上舒适度评分比安全等级评分更低,错台最大的高度不能大于 4 cm[126]。

图 1. 42　B747 驾驶模拟器　　　　　　　　图 1. 43　DC9-81 驾驶模拟器

图 1. 44　基于仿真软件和驾驶模拟器的跑道平整度研究试验

国际上已把驾驶模拟器试验输出的动力学响应看作是真值,目前条件下采用驾驶模拟器作为建立飞机滑跑动力响应分析模型的技术手段最为可靠。但是由于无法采用所有机型的驾驶模拟器,加之飞机驾驶模拟器的研究成本过高,因此在机场平整度模型研究中单纯依靠驾驶模拟器手段并不具有可行性。

1.1.6　跑道子系统动力响应研究

1. 静力学模型

目前,各国刚性道面结构设计方法中应力的计算均基于静力学模型,主要包括弹性地基板模型和弹性多层体系模型两大类。前者可按地基假设的不同分为文克尔(Winkler)地基板、弹性半空间体地基板和 Pasternak 地基板等;后者主要是为了便于水泥混凝土道面与沥青道面采用同一计算理论和设计参数而搭建的,其在 20 纪 90 年代开始发展起来[127]。

弹性地基板理论将水泥混凝土面层看作是支承于弹性地基上的小挠度弹性板,在公路刚性路面或机场刚性道面的结构响应分析中,一般采用薄板弯曲理论。三种常用地基模型如图 1. 45 所示,其中 Winkler 地基采用反应模量 K 作为表征地基强度的唯一指标,弹性半空间体地基则采用弹性模量 E 和泊松比 μ 来表征其弹性性质,而 Pasternak 地基采用地基反应模量 K 和剪切模量 G 来表征地基的性质。根据以上描述可知:Winkler 地基仅在荷载作用范围内产生变形,即假定地基的横向联接作用为 0,而弹性半空间体地基在荷载分布面积之外仍有变形产生。实际地基受到荷载后的变形介于 Winkler 模型和弹性半空间体模型之间,前者低估了地基的横向联接作用,而后者又夸大了地基的横向联接作用。我国现行《民用机场水泥混凝土道面设计规范》(MH/T 5004—2010)[128]采用的是Winkler 地基模型,而我国现行《公路水泥混凝土路面设计规范》(JTG D40—2011)[129]和《军用机场水泥混凝土道面设计规范》(GJB 1278A—2009)[130]采用的是弹性半空间体地基模型。

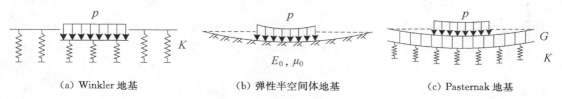

(a) Winkler 地基   (b) 弹性半空间体地基   (c) Pasternak 地基

图 1.45　弹性地基板理论中的常见地基模型

水泥混凝土道面结构也可以看作是一个表面承受圆形均布荷载的弹性多层体系,但由于假定面层在水平方向无限大,因此只能考虑板中受荷的情况。为克服这一缺点,选用多种道面结构和飞机荷载,分别采用弹性地基板模型(Westergaard 板边应力计算公式)和弹性多层体系模型(BISAR 程序)计算板边缘和板中的最大应力,而后通过回归分析建立二者之间的相关关系,如式(1.18)所示[131]。FAA 针对新一代大型飞机(B777)的刚性道面设计方法(LEDFAA)采用弹性层状体系模型[132]。

$$\sigma_{il} = 0.64\sigma_{eb}^{0.972} \quad (R^2 = 0.937) \tag{1.18}$$

式中,σ_{il} 为按多层体系模型计算得到的应力;σ_{eb} 为按弹性地基板模型计算得到的应力。

2. 动力学模型

1926 年,Timoshenko 首先研究了无限长梁在移动集中荷载作用下的动态响应问题[133]。1953 年,Livesley[134] 研究了弹性地基上的弹性板在移动荷载作用下的动力响应。1954 年,Kenney[135] 对移动集中荷载作用下黏弹性地基上无限长梁在不同地基阻尼下的稳态响应的解析解进行了研究。1958 年,Cole 等[136] 研究了在以恒定速度移动的集中线荷载作用下,弹性半平面中产生的应力和位移。1963 年,Thompson[137] 采用一些近似假设分析了黏弹性 Winkler 地基上无限长薄板在移动荷载下的挠度解。1965 年,Eason[138] 研究了弹性半空间体在移动荷载作用下的应力和位移计算表达式。1984 年,Vajarsathira 等[139] 研究了飞机和道面的共同作用,考虑了飞机本身在运动过程中产生的惯性力,且假设地基为线黏弹性体,用结构阻抗法导出了直接数值解。1987 年,成祥生[140] 建立了弹性地基上四边简支矩形板在移动集中荷载作用下的响应模型。1991 年,黄晓明等[141] 建立了 Winkler 地基在冲击荷载作用下和黏弹性半空间体地基在移动荷载作用下的响应模型。1994 年,许金余[142] 将"飞机-道面板-土基"看作相互作用的系统,将飞机简化为单自由度弹簧阻尼系统,建立了飞机滑跑响应模型。2009 年,侯卫[143] 利用移动荷载作用下黏弹性地基上无限大弹性薄板系统来研究机场刚性道面的弯沉,并对建立的模型进行了推导求解。

3. 计算方法

静力学模型的求解包括解析解方法和数值解方法两大类。1926年，Westergaard[144]推导了Winkler地基矩形板板中、板边和板角在荷载作用下的挠度和弯矩，并给出了解析算式。随后，他将这些解析算式进行了修正，从而可推广应用于大轮迹和椭圆形轮迹的情况。Westergaard解析解经过了Arligton试验路和室内足尺板试验的验证，被世界上绝大多数国家采纳，但其仅限于单块板在单轮荷载作用下的情况。1951年，Pickett等[145]将Westergaard等人的工作予以扩展，绘制了可确定任意轮迹形状和轮载位置情况下板中和板边中点的挠度和弯矩影响图。1956年，Pickett等[146]又将Hogg等人关于弹性连续介质上弹性薄板的研究成果予以扩展，发表了可用以计算弹性半空间体地基上的板边应力影响图。直到现在，影响图法仍然广泛应用于各国的道面结构分析中，其中包括我国现行的《民用机场水泥混凝土道面设计规范》(MH/T 5004—2010)。我国朱照宏等[147]采用Hankel积分变换法在国内率先推导得到Winkler地基和弹性半空间体地基上无限大薄板在集中荷载和圆面积均布荷载作用下的挠度、板中弯矩和板底支承反力的数学解析式，但该解析式无法应用于板边和板角应力分析。双层和三层弹性层状体系理论解首先由Burmister[148]提出，而后经许多研究者的贡献发展到多层体系，实际应用中可通过计算机程序或莫诺图进行计算。

虽然解析解方法在静力学模型求解方面取得了巨大的成功，但其在求解复杂的非线性问题时仍存在许多限制，如无法考虑接缝的传荷作用、不能模拟温度和荷载的耦合作用等。因此，随着计算机技术的发展，以有限元为代表的数值计算方法逐渐成为人们的研究热点。1965年，Cheung等[149]推导分析了Winkler地基和弹性半空间体地基上板的有限元法。1985年，Ioannides等[150]率先建立了三维有限元分析方法。随着有限元方法的成熟，以ILLI-SLAB[151]、WESLIQID、WESLAYER[152]和JSLAB[153]等为代表的有限元分析程序被大量开发并广泛应用。国内方面，自20世纪70年代起，张起森[154]、姚祖康[155]和谈至明等[156]先后将有限元法应用于水泥混凝土路(道)面，分析了Winkler地基、弹性半空间体地基、层状地基上混凝土路(道)面的挠度和应力，探讨了接缝传荷和地基部分脱空等情况的计算方法。

动力学模型的求解则经历了从微元体平衡出发建立微分运动方程求解，到从叠加原理出发建立积分微分数学模型求解，再到有限元、边界元等数值方法求解的过程。20世纪60年代以前，研究者通常从微元体平衡出发，建立物体微分形式的运动方程，再通过分离变量或拉普拉斯变换进行求解。20世纪70年代以后，人们开始从叠加原理出发推导出位移的积分表达式，并转化为代数方程组进行求解。随着计算机技术的发展，有限元方法因其可以考虑复杂的工况而成为人们研究刚性道面结构动力响应的重要手段。1994年，加州大学交通运输中心的Chatti等[157]开发了专门用于刚性道面结构动力分析的有限元程序DYNA-SLAB，包括黏弹性Winkler地基和半空间体地基两种模型。1995年，Zaman等[158]建立了一种用于接缝混凝土道面动力响应分析的接触单元模型。2002年，Huang等[159]建立了移动荷载作用下弹性地基板的响应模型。2007年，Shoukry等[160]利用有限元方法对非线性温度梯度和移动荷载耦合作用下刚性道面三维有限元模型进行了验证。2014年,薛华鑫[161]综合利用MATLAB仿真和有限元相结合的方法,分析了飞机滑行过程中道面结构的动力行为和振动频率响应。2017年,凌道盛等[162]通过沿跑道横向傅里叶变换,提出适用于飞机移动荷载作用下山区机场跑道动力响应分析的半解析有限单元法,并且通过算例验证了方法的正确性。

综上所述,无论是静力学模型还是动力学模型,其求解方法都经历了由解析解向数值解发展的过程。特别是在考虑接缝传荷、层间接触状况和多轮移动荷载等复杂的非线性问题时,有限元方法往往成为人们的首选。有限元方法也为我们求解飞机复杂运动状态下接缝混凝土道面的动力响应提供了一种强有力的工具。

1.1.7　飞机-跑道随机振动研究

1. 飞机-跑道相互作用研究

跑道的不平整会加剧飞机滑跑的振动,其增强了飞机对道面的动力作用,这会引起道面振动位移与跑道不平整叠加的现象,还会增强飞机滑跑的振动,如此循环往复、相互影响、相互耦合,形成了飞机-跑道相互作用系统。

但是多数学者将飞机-跑道相互作用系统分成两个分离、独立的子模型进行研究。①飞机子模型的研究:利用Simulink等软件建立多自由度的飞机模型(图1.46),或利用ADAMS、ProFAA、APRas等软件建立复杂的飞机模型(图1.47),将跑道不平整作为激励输入,单独分析飞机的响应,不考虑跑道结构振动产生的动态影响;②跑道子模型的研究:在ABAQUS等软件中建立跑道模型,将飞机荷载简化为移动的均布荷载、集中荷载或简谐荷载等,以求解道面结构响应;或通过①中的方法获得不平整激励下飞机子模型的动荷载,将其施加给跑道子模型,以获得道面结构响应。

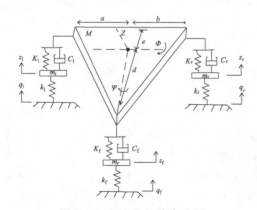

图 1.46　Simulink 仿真分析

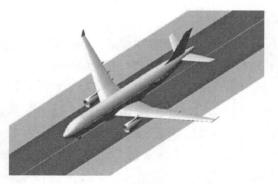

图 1.47　ADAMS/Aircraft 滑跑仿真

分离式的研究基本符合传统速度较低、荷载较小的情况,但处于高速重载的新一代大型飞机作用下,跑道结构参振效应凸显,飞机作用下跑道振动产生的位移将与道面不平整起伏耦合,会增强对飞机的激振效应,精确揭示飞机-跑道动态相互作用机制是准确获取动力响应的关键。

当前,仅有少数学者针对飞机-跑道相互作用的动力学模型进行了初步探究。许金余[163]将飞机简化为两个单自由度的主起落架,跑道简化为弹性半空间体地基上的刚性道面板,建立了飞机-道面-土基动力耦合系统模型,采用有限元法进行了计算分析。Dong等[164]不考虑机身结构,将飞机简化为四自由度模型,构建飞机-跑道耦合系统模型,求解了不平整激励下的起落架动载。Li

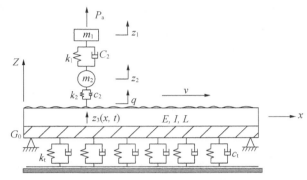

图 1.48 简化二自由度飞机-跑道模型

等[165]将飞机简化为二自由度模型,将跑道简化为 Pasternak 地基上的梁,构建了飞机 - 跑道耦合系统模型(图 1.48),并求解了飞机的动力响应。简化的飞机模型无法真实表征大型飞机轮距大、多运动姿态等特征,但建立可描述空间运动行为的多自由度飞机模型是未来进一步发展的趋势。

综上,现有研究主要针对飞机-跑道子模型或对概化的飞机-跑道模型展开分析,忽略了跑道结构参振效应及飞机空间振动,导致动力响应计算结果有偏差。模型的正确性首先取决于物理逼真性,传统的子系统简化研究无法反映飞机-跑道的实际动力学状态,这是历史的局限也是系统性综合研究的必由之路;同样,传统的二自由度模型因空间计算维度的限制,难以刻画飞机起落架分布距离广带来的多点激励的协同效应。因此,建立多自由度飞机-跑道相互作用的动力学模型是当下深入研究的方向之一。

2. 飞机-跑道相互作用的随机振动研究

许金余等[166]将不平整视为随机振源,分步研究了简化的飞机子系统、道面子系统的随机动载,但未考虑飞机和跑道的相互影响。目前,鲜见针对多自由度飞机-跑道相互作用的随机振动研究。

铁道、桥梁等工程领域通过利用蒙特卡洛法、随机摄动法、虚拟激励法及概率密度演化方法等随机振动解析方法,对复杂耦合系统随机响应的分析取得了丰硕成果。部分代表性的研究成果如下:曾庆元等[167]利用蒙特卡洛法对列车桥梁时变系统的随机振动进行了分析,但激增的计算量造成该方法在复杂系统的求解中效率较低,应用困难。西南交通大学晋智斌[168]利用随机摄动方法研究了桥梁不确定结构参数引起的车桥随机动力响应,而"久期项"问题限制了该方法在动力系统随机振动理论中的发展。Zhang 等[169]和Lin 等[170]建立了求解随机振动问题的"虚拟激励法",通过构建虚拟输入激励,可快速求解系统随机响应。同济大学李杰等[171,172]建立了广义概率密度演化方程,利用有限次代表性样本计算线性与非线性系统的随机振动问题,可准确输出系统随机响应均值、标准差及概率密度演化分布,在获取较高精度动力响应的同时也可保持系统随机振动的本性,因而被广泛应用。翟婉明等[173,174]建立了计算高效、准确的"翟方法",并采用概率密度演化理论,求解了车辆-轨道系统时空随机分析模型的响应。中南大学余志武等[175, 176]采用概率密度演化方法对车辆参数随机、轨道不平整激励随机下的车桥竖向随机振动进行解析,并与蒙特卡洛法进行对比,验证了该方法的高效性、准确性(图 1.49)。

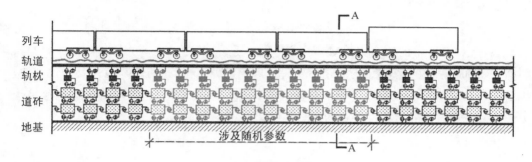

图 1.49　列车-轨道耦合系统随机分析模型

综上所述,考虑到飞机-跑道系统具有接触形式独特(三点/五点式接触)、重量大、冲击强、横向偏移性强、空间效应显著(轮距和轴距大)及存在升力等特点,难以直接照搬列车-轨道等其他领域的结论,但可充分借鉴其分析方法。

1.2　飞机-跑道随机振动研究的必要性

1.2.1　飞机-跑道特殊性

综上所述,考虑到飞机-跑道系统具有轮迹空间分布不均匀、多轮小车式起落架构型复杂、飞机降落冲击作用强和转弯剪切作用强等特点,难以直接照搬列车-轨道等其他领域的结论,但可充分借鉴其分析方法。这是车辆-道路系统、列车-轨道系统等所不具备的。同时,飞机-跑道系统对安全性要求极高,因此对飞机-跑道动力响应计算准确性、全面性要求更高,这也显著区别于其他任何系统。

1.2.2　面临的动力学问题

1. 传统静力分析无法表征飞机动载下跑道动力响应

机场跑道是飞机高速滑跑、重载作用、加减速运行的支撑性平台,强冲击、大剪切、高胎压的飞机荷载会造成道面结构的动力损伤,引发道面接缝破损、错台、角隅断裂等病害,缩短跑道使用寿命。传统跑道结构设计和评价方法均以飞机静态荷载、静力分析为基础[177-179],无法表征实际飞机动载下跑道动力损伤过程,通过实际调研可以发现跑道平均服役寿命不到设计寿命的三分之二[180]。对此,掌握道面结构的动力损伤原因和程度对于保障道面性能和使用寿命十分关键,其核心在于精准解析真实服役情况下道面结构的动力响应[181]。

2. 现有简化研究无法真实表征飞机-跑道相互作用的动力学特性

大型飞机增强了对道面的动力作用,所引起的跑道振动加剧了飞机的振动,飞机振动又进一步加强了对道面的作用。这种互反馈机制使飞机和跑道处于动态影响、相互作用的形态中,导致道面结构的动力响应愈加显著。

目前,关于跑道结构动力响应的研究多将飞机动载简化为作用于理想水平道面的移动荷载,这对于平整的跑道以及轴载小、运行速度低的飞机基本合理。然而,随着服役年限增加,道面平整度逐渐恶化;加之 B777 等新一代大型宽体飞机投入运营及占比增加,飞机荷载重、速度快、胎压高等动力特征显著增强了飞机-跑道的相互作用,这对跑道结构动力响应的分析与表达提出了新的挑战(图 1.50)。

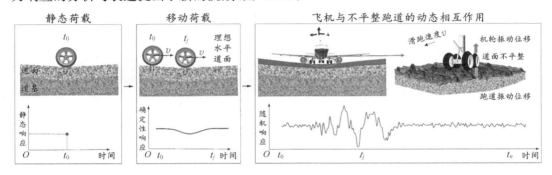

图 1.50 飞机静态荷载、移动荷载与实际飞机-不平整跑道相互作用的对比

3. 现有理想研究无法揭示服役跑道的"随机性"和"带损特征"

服役跑道系统并非一直保持恒定不变的理想设计状态。一方面,由于材料微观结构的差异、生产工艺误差、环境温湿度影响等因素,跑道和飞机结构参数具有一定的变异系数而呈现随机性,并且飞机横向偏移与道面三维不平整也是随机的;另一方面,随着服役时间增长,在飞机荷载和外界环境的综合作用下,跑道会产生损伤和破坏而处于带损运行状态,如模量衰减、支撑劣化、接缝传荷弱化和开裂等。现有研究缺乏对服役跑道系统"随机性"和"带损特征"的关注。

因此,针对理想的简化假设与真实服役情况不吻合的局限,迫切需要重新审视和考虑飞机-跑道相互作用及其随机性,准确、全面获取飞机和跑道的随机动力响应。

1.3 飞机-跑道随机振动研究内容

1.3.1 研究目标

为保证跑道设施结构服役安全和发展平安机场的现实需求,本书围绕飞机-跑道的随机振动问题,聚焦飞机-跑道相互作用的"系统性""随机性"两大核心要素,建立全自由度飞机-跑道动力学模型,准确表征飞机-跑道的实际动力相互作用机制,开发系统动力高精度分析平台,实现飞机-跑道系统动力响应的快速求解。在此平台基础上,利用随机振动方法进行系统随机动力解析,获得多随机因素下飞机-跑道的动力响应,实现该复杂系统从"确定性"向"随机性"的突破,从而解决飞机或跑道子系统分离式研究不精确、单一样本规律普适性不强的难题,准确、全面地掌握飞机和跑道结构实际动力响应水平,为保障飞机运行安全、跑道结构安全以及提高飞机乘坐舒适度等提供技术支撑和理论指导。

1.3.2　物理组成

1. 飞机

飞机包括 A—F 类典型飞机,主要为波音系列和空客系列。飞机构造主要为机身、机翼、起落架、轮胎。飞机起降滑跑的运行状态呈现出速度越来越快、载重越来越大的趋势,在道面不平整激励下,飞机各个部位振动显著,不仅影响乘客舒适度以及驾驶员操作安全,同时也将降低飞机构件疲劳寿命。因此,亟需准确掌握飞机驾驶舱处、重心处和起落架处的振动响应。

2. 跑道

跑道结构类型包括沥青跑道、水泥跑道、复合跑道和滑行道桥等,跑道为三维多层实体结构。在高速与重载的飞机作用下,跑道将产生振动位移,其与道面不平整叠加后进一步激发飞机振动,加剧飞机振动效应;同时,在飞机荷载的长期作用下,跑道将产生动力损伤,引发接缝破损、断板等结构性病害,缩短跑道寿命、威胁飞机滑跑安全。因此,应准确掌握跑道振动响应。

3. 环境

对飞机和跑道产生较大影响的环境因素主要包括温度、湿度、风和地震等。其中,风对飞机起降滑跑安全具有相当大的影响,温度、湿度显著影响跑道道面结构性能或地基、基层材料性能,而时间短、能量强的地震作用可能对跑道结构产生破坏。飞机重复荷载与环境因素的耦合作用,将对飞机和跑道造成更大影响,故环境因素是不可被忽略的。

1.3.3　关键要素

1. 三维空间性

新一代大型飞机具有轮距宽、尺寸大等特点,其竖向振动、俯仰转动和侧倾转动等空间振动显著。笔者考虑就飞机空间振动进行研究,发现在道面三维(3D)不平整激励下,飞机左、右主起落架的动荷载存在明显差异,显著大于二维(2D)不平整激励下的响应(图 1.51)。

2. 非线性

1) 飞机非线性

飞机在滑跑过程中,跑道不平整激励通

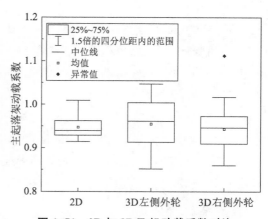

图 1.51　2D 与 3D 飞机动载系数对比

过轮胎传递至起落架,起落架吸收部分能量后将振动传递给机身。由于轮胎和起落架都具有强非线性,所以飞机滑跑具有典型的非线性。

2）跑道非线性

跑道具有材料、几何和接触三方面显著的非线性特征,如沥青混合料是典型的黏弹塑性材料;水泥道面板实际上并非绝对规则的长方体结构;由于道基存在不均匀沉降、脱空等现象,道面与基层、基层与道基之间并非是完全连续接触的。

3. 随机性

服役状态下飞机-跑道系统并非理想的确定性系统,其受施工工艺、飞机荷载和外部环境等因素的复杂综合作用,飞机-跑道具有跑道和飞机结构参数、飞机轮迹分布、道面三维不平整等多方面的随机因素,从而产生随机的动力响应。因此,充分考虑实际情况下的多随机因素,是系统随机动力响应准确、全面计算的前提条件。

4. 相互作用

飞机-跑道系统存在飞机-跑道、风-飞机-跑道、温湿度-跑道-飞机和地震-跑道-飞机等多方面的相互作用。

1）飞机-跑道

跑道不平整会引起飞机系统振动,飞机振动由机轮和道面接触的动态作用力传递,该作用力又会引起跑道结构振动的加剧,这种振动位移与跑道不平整叠加在一起,反过来会助长飞机系统的振动,如此循环、相互叠加,形成飞机-跑道相互作用系统。Liu 等[182]初步研究发现考虑跑道结构参振效应后,飞机重心加速度增大了约7.3%,动载系数增大了约6.0%,如图1.52 所示。

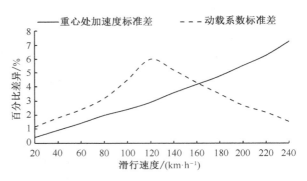

图 1.52　考虑飞机-跑道相互作用的飞机响应增大比例

2）风-飞机-跑道

飞机降落过程中,风荷载不仅会导致飞机产生随机的升力,也会造成飞机左右机翼升力差异,引发飞机侧倾运动,威胁飞机运行安全,并影响飞机对跑道的动力作用。

3）温湿度-跑道-飞机

环境湿度会影响地基弹性模量,地基弹性模量随湿度的增加而减小,从而降低跑道结构的承载能力。呈现日周期变化的温度梯度会导致刚性道面板反复上下翘曲变形,易引发接缝破损等病害,并对柔性道面的沥青混合料材料性能产生显著影响;在飞机机轮的动力作用下,温湿度对跑道结构性能的影响,将进一步影响飞机和跑道的动力相互作用。

4）地震-跑道-飞机

地震波具有随机性强、历时短、能量高的特点,其会对飞机-跑道结构造成破坏,当飞机在跑道上滑跑时,还将影响飞机滑跑安全。

　　本节全面阐述了飞机-跑道整体大系统的物理组成和关键要素,本书针对其中最核心的飞机-跑道相互作用及其随机振动问题进行研究。

1.4　研究方法

1.4.1　随机振动分析方法

　　蒙特卡洛模拟法依据各变量概率分布的规律进行随机抽样,通过大量随机模拟,得到系统随机振动的响应输出;虚拟激励法能将平稳随机振动分析转化为简谐振动分析,将非平稳随机振动转化为确定性时间历程分析,在保留理论精度的同时提高了计算效率;概率密度演化方法可利用代表性样本高效解析随机激励所引起的随机振动问题,在高精度输出系统动力响应的同时保持系统随机振动的本性,其可适用于线性与非线性系统。

1.4.2　动力学建模方法

　　采用多刚体系统动力学建模方法,可构建飞机多自由度理论模型,或采用 ADAMS、ProFAA、APRas 等软件建立复杂的飞机模型,表征飞机滑跑过程的运动状态(图 1.53);依据力学、经验公式建立跑道结构的理论简化模型,或依托 ABAQUS、ANSYS 等有限元仿真软件,构建道面-道基一体化的精细化跑道结构模型(图 1.54)。

图 1.53　飞机动力学模型

图 1.54　跑道结构有限元模型

1.4.3　数学物理解析方法

　　可将达朗贝尔原理[式(1.19)]应用于飞机-跑道运动物理问题,推导不平整激励下飞机-跑道相互作用的力学平衡方程。根据理论公式建立跑道振动方程,或采用直接刚度法建立跑道振动方程;或基于振型叠加法[式(1.20)]将跑道振动表示为一组基本的振型形式,并将这些振型叠加后构造满足振动边界条件的解。最后,采用解析解求解,或采用

Newmark-β 等直接积分方法进行求解。

$$F + F_N + (-ma) = 0 \tag{1.19}$$

式中　m——物体质量；

　　　a——物体加速度；

　　　F——物体承受的主动力；

　　　F_N——物体承受的约束反力。

$$M_n\ddot{q}_n(t) + C_n\dot{q}_n(t) + \omega_n^2 M_n q_n(t) = P_n(t) \tag{1.20}$$

式中　M_n——跑道第 n 阶振型对应的的广义质量；

　　　C_n——跑道第 n 阶振型对应的的广义阻尼；

　　　$\ddot{q}_n$——跑道第 n 阶振型对应的广义振动加速度；

　　　$\dot{q}_n$——跑道第 n 阶振型对应的广义振动速度；

　　　q_n——跑道第 n 阶振型对应的广义振动位移；

　　　ω_n——跑道第 n 阶振型对应的自振频率；

　　　P_n——跑道第 n 阶振型对应的广义力。

1.4.4　信号处理方法

可利用谐波叠加法、逆傅里叶变换等方法重构空间域信号(图 1.55)，通过分析不平整频谱模型，以确定所有谐波信号的振幅和相位，有效叠加后重构跑道不平整的空间域样本。

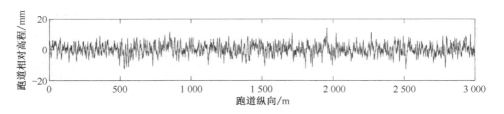

图 1.55　谐波叠加方法重构空间域信号示意

1.4.5　统计分析方法

采用统计学方法可提取跑道结构随机动力响应的数字特征如极值、均值、标准差等；对不同不平整程度、飞机速度等多工况下的分析结果，可采用多元回归方法[式(1.21)]拟合因变量(动力响应的数字特征)和自变量(不平整程度、飞机速度)的函数表达式。

$$Y = \beta_0 + \beta_1 X_1 + \beta_2 X_2 + \cdots + \beta_k X_k + \varepsilon \tag{1.21}$$

式中，X_1、X_2、X_k 分别为第 1 个、第 2 个、第 k 个自变量；Y 为因变量；β_1、β_2、β_k 分别为第 1 个、第 2 个、第 k 个拟合系数；β_0 为常数；ε 为残差。

1.4.6　试验研究方法

利用车载式自动测试装备(图 1.56)和机场道面检测技术,可采集跑道的全断面相对高程数据,反演跑道结构参数。基于在线感知的智能跑道技术(图 1.57),可为飞机-跑道的随机振动分析提供可靠输入和验证手段。

图 1.56　车载式自动测试装备

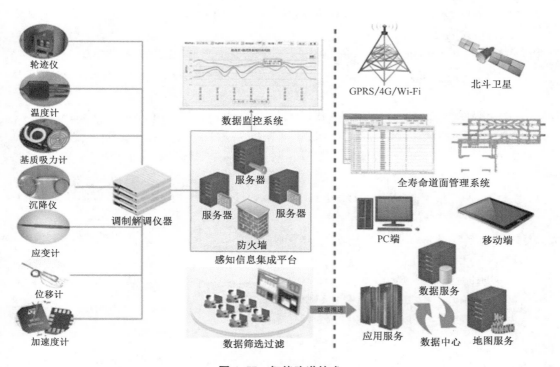

图 1.57　智能跑道技术

本章参考文献

[1] VAN G P A, STET M J A. Evaluation Methods for Longitudinal Evenness of Runway Pavements [R]. Amsterdam: National Aerospace Laboratory, 2009.

[2] GEEM V G, BEAUMESNIL B. Evaluation Of Longitudinal Evenness Of A Newly Constructed Road Section: A Detailed Study Of Different Evenness Measurements[J]. 2012.

[3] SCOFIELD L A, KALEVELA S A, ANDERSON M R. Evaluation of California Profilograph[M]. 1992.

[4] SONG I, LARKIN A, AUGUSTYN S. Profile Data Comparisons for Airfield Runway Pavements [C]. 2014 FAA Worldwide Airport Technology Transfer Conference, 2014.

[5] GERARDI M T, INC A C. Airfield Concrete Pavement Smoothness — A Reference[J]. 2007.

[6] DODDS C J, ROBSON J D. The Description of Road Surface Roughness[J]. Journal of Sound & Vibration, 1973, 31(2): 175-183.

[7] HOUBOLT J C. Runway Roughness Studies in the Aeronautical Field[J]. Journal of the Air Transport Division, 1961, 87(1): 11-31.

[8] THOMPSON W E. Measurements and Power Spectra of Runway Roughness at Airports in Countries of North Atlantic Treaty Organization [J]. Technical Report Archive & Image Library, 1958.

[9] MACVEAN D B. Response of Vehicle Accelerating over Random Profile[J]. Archive of Applied Mechanics, 1980, 49: 375-380.

[10] KOZIN F, BOGDANOFF J L. On the Statistical Properties of the Ground Contour and Its Relation to the Study of Land Locomotion[C]. International Conference on the Mechanics of Soil-Vehicle Systems, 1966.

[11] SUSSMAN, N E. Statistical Ground Excitation Models for High Speed Vehicle Dynamics Analysis [J]. High Speed Ground Transportation Journal, 1974, 8(3): 145-154.

[12] British Standard Institution (BSI). Proposals for Generalized Road Inputs to Vehicles (MEE/158/ 3/1)[S]. London, 1972.

[13] 张立军, 张天侠. 车辆四轮相关路面非平稳随机输入通用时频模型[J]. 振动与冲击, 2008(7): 75-78, 187.

[14] 王亚, 陈思忠, 郑凯锋. 时空相关路面不平度时域模型仿真研究[J]. 振动与冲击, 2013, 32(5): 70-74.

[15] RIECHERS J T. A Methodology for the Evaluation of Runway Roughness for Repair[J]. A Methodology for the Evaluation of Runway Roughness, 1991.

[16] WALLS J H, HOUBOLT J C, PRESS H. Some Measurements and Power Spectra of Runway Roughness[J]. Technical Report Archive and Image Library, 1954.

[17] HOUBOLT J C, WALLS J H, SMILEY R F. On Spectral Analysis of Runway Roughness and Loads Developed During Taxiing[J]. Technical Report Archive & Image Library, 1955.

[18] GRIMES C G. Development of a Method and Instrumentation for Evaluation of Runway Roughness Effects on Military Aircraft[J]. 1957.

[19] POTTER D M. Measurements of Runway Roughness of Four Commercial Airports[J]. Technical Report Archive and Image Library, 1957.

[20] THOMPSON W E. Measurements and Power Spectra of Runway Roughness at Airports in Countries of the North Atlantic Treaty Organization[J]. Technical Report Archive and Image Library, 1958.

[21] MORRIS G J, HALL A W. Recent Studies of Runway Roughness [J]. Nasa Special Publication, 1965.

[22] MORRIS G J. Response of a Turbojet and a Piston-Engine Transport Airplane to Runway Roughness[J]. 1965.

[23] TUNG C C. The Effects of Runway Roughness on the Dynamic Response of Airplanes[J]. Journal of Sound & Vibration, 1967, 5(1): 164-172.

[24] LEE H R, SCHEFFEL J L. Runway Roughness Effects on New Aircraft Types[J]. Journal of Aerosapce Transport, 1968.

[25] CHEN R P. Generalized Power Spectral Density Analysis With Application to Aircraft Taxiing Problems[D]. Georgia Institute of Technology, 1969.

[26] MORRIS G J. Response of Several Turbojet Airplanes to Runway Roughness[J], 1970.

[27] WALTER J H. Airfield Pavement Smoothness Requirements[J]. Computers, 1977.

[28] KIRK C. The Random Heave-Pitch Response of Aircraft to Runway Roughness [J]. The Aeronautical Journal, 1971, 75(727): 476-483.

[29] KIRK C L, PERRY P. Analysis of Taxiing Induced Vibrations in Aircraft by the Power Spectral Density Method[J]. The Aeronautical Journal, 1971, 75(723): 182-194.

[30] GERARDI A G. Digital Simulation of Flexible Aircraft Response to Symmetrical and Asymmetrical Runway Roughness[R]. Air Force Flight Dynamics Lab Wright-Patterson, 1977.

[31] GERARDI A G. Dynamic Response of Aircraft to Pavement Unevenness [J]. Transportation Research Board Special Report, 1978, 175: 91-96.

[32] DOLE G R. A Review of Computer Simulations for Aircraft-Surface Dynamics[J]. Journal of Aircraft, 1986, 23(4): 257-265.

[33] MCCULLOUGH B F, STEITLE D C. Criteria Development to Evaluate Runway Roughness[J]. Transportation Engineering Journal of ASCE, 1975.

[34] SONNENBURG P N. Analysis of Airfield Runway Roughness Criteria[J]. Analysis of Airfield Runway Roughness Criteria, 1976.

[35] BURK D O, CLARK J I. Runway Roughness Evaluation Laser Profilometer Implementation Study [J]. Landing, 1977.

[36] NASSIRPOUR F, WU S M, KAPOOR S G. Runway Roughness Characterization by DDS Approach[J]. Transportation Engineering of ASCE, 1978, 104(2): 213-226.

[37] 王文亮,杜作润. 弹性飞机在粗糙跑道上的随机滑行响应[J].复旦学报(自然科学版),1980(3): 291-301.

[38] HACKLINGER M, Bwb-Ml D S. The problem of design criteria for aircraft loads due to rough runway operation[J]. Aircraft Dyn. Response to Damaged and Repaired Runways 13 p(SEE N 83-

15284 06-05），1982.

[39] UZAN J, FRYDMAN S, WISEMAN G. Roughness of airfield pavement on expansive clay[C]. Fifth International Conference on Expansive Soils 1984.

[40] SPANGLER E B, GERARDI A G. Measurement and analysis of airside pavement roughness at the Dallas/Fort worth international airport[C]. Airport Pavement Innovations: Theory to Practice, 1993.

[41] ECKFORD D J. Aircraft Operations on Repaired Runways (L'Exploitation des Aeronefs sur les Pistes Refaites)[J]. Aircraft Operations on Repaired Runways, 1990.

[42] LEE T W. Dynamic Response of Landing Gears on Rough Repaired Runway[C]. Aerospace Technology Conference & Exposition, 1991.

[43] GERVAIS E L. Runway Roughness Measurement, Quantification and Application: The Boeing Approach[C]. Aircraft/Pavement Interaction: An Integrated System, 1991.

[44] GERARDI A G, KREUGER D. The Effects of Runway Roughness on Aircraft Fatigue Life[C]. Aircraft/Pavement Interaction, 2015.

[45] WIERINGA J. Updating the Davenport Roughness Classification[J]. Journal of Wind Engineering and Industrial Aerodynamics, 1992, 41(1-3): 357-368.

[46] COOK M. A Smoother Landing at Lahore[J]. Industrial Diamond Review, 1993, 53(557): 216-217.

[47] LIVNEH M. Evaluation of Runway Roughness for Fighter Jets [C]. Airport Pavement Innovations: Theory to Practice, 1993.

[48] GERARDI M A, MCNERNEY M T. Temporary Construction Ramps and Their Effect on Aircraft Ride Quality[C]. International Conference on Transportation and Development, 2018.

[49] SCHMERL H, ZEE R. Smooth take-off[J]. Civil Engineering, 1997, 67(2): 64.

[50] GERARDI T. The Effect of Runway Roughness on Aircraft Operations[C]. Aircraft/Pavement Technology In the Midst of Change, 1997: 335-347.

[51] HACHIYA Y, YIN J, TAKAHASHI O, et al. Aircraft Response Based Airport Pavement Roughness Evaluation[J]. Doboku Gakkai Ronbunshu, 1999(634): 403-411.

[52] STET M, GERARDI M. Effects of Runway Roughness on Aircraft and Pavement: a Noise Level Approach for PMS Interaction[C]. Surf: Fourth International Symposium on Pavement Surface Characteristics on Roads and Airfields, 2000.

[53] HWANG J H, KIM J S. On the Approximate Solution of Aircraft Landing Gear Under Nonstationary Random Excitations[J]. KSME international journal, 2000, 14(9): 968-977.

[54] FILARSKI J D. Runway Roughness Criteria[C]//Advancing Airfield Pavements. Proceedings of the 2001 Airfield Pavement Specialty Conference. American Society of Civil Engineers, 2001: 171-180.

[55] KATSURA E. Longitudinal Surface Profiles of an Airport Runway and Aircraft Motion[D]. FEDERAL AVIATION ADMINISTRATION, 2002.

[56] 李光元，蔡良才. 机场跑道道面微起伏分析[C]. 国际道路和机场路面技术大会，2002.

[57] STET M, THEWESSEN H. Pavement Detriment Due to Runway Roughness[C]. Proceedings of

the 6th International Conference on the Bearing Capacity of Roads and Airfields, Lisbon, Portugal, 2002.

[58] SOUZA R O, HIMENO K, KAWAMURA A, et al. Evaluation of Longitudinal Profiles for Airport Runways [C]. International Conference Airports: Planning, Infrastructure and Environment, 2003.

[59] ENDO K, HIMENO K, KAWAMURA A, et al. Evaluation of Longitudinal Runway Profile and Ride Quality Using Wavelet Analysis and Brain Waves [C]. TRB 82nd Annual Meeting, Washington D C, 2003.

[60] KANUNNIKOV O, GROSHEV I, SHTREYKHER A. Determination of R index using runway pavement longitudinal profile elevations[J]. International Journal of Pavements, 2003.

[61] CARDOSO S H. New Approach for Estimating Lengths of Transitional Ramps During Runway Overlay Construction, Airfield Pavements: Challenges and New Technologies, 2004: 436-446.

[62] DONG Q, HACHIYA Y, ENDO K, et al. Airport pavement roughness evaluation based on aircraft response[C]. Health Monitoring and Smart Nondestructive Evaluation of Structural and Biological Systems Ⅲ, 2004: 118-127.

[63] CHEN Y H, CHOU C P. Effects of Airport Pavement-Profile Wavelength on Aircraft Vertical Responses[J]. Transportation Research Record, 2004, (1): 83-93.

[64] CHEN Y H, CHOU C P. Assessment of Aircraft's Vertical Responses to Develop the Roughness Evaluation Index for Airport Pavement[J]. 2004.

[65] 刘克格,阎楚良,张书明. 飞机起落架疲劳损伤估算及其特点[J]. 吉林大学学报(工),2005,35(6): 660-664.

[66] BOUDREAU R L, GERARDI T, FREEMAN M, et al. Roughness Assessment of Runway 8L-26R at Hartsfield-Jackson Atlanta International Airport[C]. Airfield and Highway Pavement: Meeting Today's Challenges with Emerging Technologies, 2006: 765-776.

[67] 周晓青. 机场道面平整度评价指标研究[D]. 上海:同济大学,2006.

[68] SONG I, HAYHOE G F. Airport Pavement Roughness Index Relationships Using the Federal Aviation Administration (FAA) Profiling System[C]. Airfield and Highway Pavement: Meeting Today's Challenges with Emerging Technologies, 2006: 741-752.

[69] MÚČKA P. Indicators of Longitudinal Unevenness of Roads/Runways[J]. 2006.

[70] CARDOSO S H. Aircraft-Based Pavement Surface Roughness Assessment[J]. Transportation Research Record Journal of the Transportation Research Board, 2007(1): 104-110.

[71] CARDOSO S H. Talara Airport runway rehabilitation optimization based on aircraft-pavement interaction[C]. 2007 FAA Worldwide Airport Technology Transfer Conference, Atlantic City, USA,2007.

[72] GERARDI T. The Impact of Runway Roughness During a High Speed Aborted Takeoff[C]. 2007 Worldwide Airport Technology Transfer ConferenceFederal Aviation Administration American Association of Airport Executives, 2007.

[73] WOODS J E. A Study of Airport Pavement-Aircraft Interaction Using Wavelet Analysis[M]. The University of Texas at San Antonio, 2008.

[74] LARKIN A, HAYHOE G F. Federal Aviation Administration airport pavement management and airport pavement roughness evaluation[J]. 2009.

[75] WOODS J, PAPAGIANNAKIS A T. Suitability of Runway Pavement Roughness Indices in Capturing Aircraft Response[C]. Transportation Research Board Meeting, 2009.

[76] LIANG L, GU Q K, LIANG Z, et al. Simulation Analysis of Aircraft Taxiing Dynamic Load on Random Road Roughness[J]. Procedia Engineering, 2011, 12: 163-169.

[77] ZHANG X M, SUN L L, HU C F, et al. Research on Dynamic Load Coefficient Based on the Airfield Pavement Roughness[J]. Applied Mechanics & Materials, 2011, 97-98: 386-390.

[78] 王维, 胡春飞. 基于小波分析的机场道面平整度细节研究[J]. 中国民航大学学报, 2011, (1): 13-16, 21.

[79] SONG I. Case Study of Domestic Airport Runway Profile Data Analysis Using ProFAA[J]. 2012.

[80] SONG I. Pavement Profile Analysis Methods Using ProFAA[J]. 2012.

[81] 梁磊, 顾强康, 刘国栋, 等. 基于 ADAMS 仿真确定飞机着陆道面动荷载[J]. 西南交通大学学报, 2012, 47(3): 502-508.

[82] Federal Aviation Administration. Boeing 737-800 Final Surface Roughness Study Data Collection [R]. Washington D C: FAA, 2017.

[83] Federal Aviation Administration. FAA Surface Roughness Final Study Data Collection Report[R]. Washington D C: FAA, 2014.

[84] 蔡宛彤, 种小雷, 王海服, 等. 基于 ADAMS 的机场道面平整度评价方法[J]. 空军工程大学学报·自然科学版, 2014, (1): 15-19.

[85] MESHER D, PALSAT B, LUATRAC T D. Comprehensive airport pavement surface profile collection and analysis[C]. Conference of the Transportation Association, 2015.

[86] LOPRENCIPE G, ZOCCALI P. Comparison of Methods for Evaluating Airport Pavement Roughness[J]. International Journal of Pavement Engineering, 2017: 1-10.

[87] 程国勇, 郭稳厚. 基于多自由度飞机模型的机场道面平整度评价方法[J]. 南京航空航天大学学报, 2016, 48(4): 606-614.

[88] 程国勇, 郭稳厚, 雷亚伟. 机场道面平整度评价技术进展及发展方向[J]. 中国民航大学学报, 2016, 34(2): 36-41.

[89] 程国勇, 郭稳厚, 雷亚伟. 基于飞机全尺寸模型的机场道面平整度评价理论研究[J]. 公路工程, 2016, 41(4): 1-5.

[90] 凌建明, 刘诗福, 袁捷, 等. 不平整激励下机场道面和公路路面平整度评价综合分析[J]. 同济大学学报(自然科学版), 2017, 45(4): 519-526.

[91] 凌建明, 刘诗福, 袁捷, 等. 采用 IRI 评价机场道面平整度的适用性[J]. 交通运输工程学报, 2017, 17(1): 20-27.

[92] 凌建明, 刘诗福, 李萌, 等. 波音平整度评价方法的局限性分析[J]. 同济大学学报(自然科学版), 2018, 46(8): 1035-1041.

[93] MAJOR W, MATTHEW J, HUBBARD S, et al. Evaluation of Opportunities for Connected Aircraft Data to Identify Pavement Roughness at Airports[J]. The Collegiate Aviation Review International, 2018, 36(2).

［94］ LIU S F，TIAN Y，LIU L，et al. Improvement of Boeing Bump method considering aircraft vibration superposition effect［J］. Applied Sciences，2021，11(5)：2147.

［95］ SAYERS M W. Guidelines for Conducting and Calibrating Road Roughness Measurements［J］. World Bank Technical Paper ,2002.

［96］ SAYERS M W，GILLESPIE T D，QUEIROZ C A V. The International Road Roughness Experiment：Establishing Correlation and a Calibration Standard for Measurements［J］. Engineering，1986.

［97］ TRANSPORT C. Measurement and Evaluation of Runway Roughness［J］. 2015.

［98］ KIRK C L. Analysis of Taxiing Induced Vibrations in Aircraft by the Power Spectral Density Method［J］. Aeronautical Journal，1973，75.

［99］ 刘莉，杨国柱，何庆芝. 起落架缓冲系统参数对飞机滑行动态响应的影响［J］. 航空学报，1992，(06)：266-273.

［100］ 刘莉，杨国柱，何庆芝. 起落架缓冲系统参数优化设计［J］. 航空学报，1992，(10)：506-511.

［101］ 张江监，王裕昌. 飞机起落架滑行载荷识别［J］. 航空学报，1994，(1)：54-61.

［102］ 聂宏，魏小辉. 大型民用飞机起落架关键技术［J］. 南京航空航天大学学报，2008，(4)：427-432.

［103］ 李思政. 多轮多支柱起落架飞机滑跑响应分析［D］. 西安：西北工业大学，2006.

［104］ 张明. 飞机地面动力学若干关键技术研究［D］. 南京：南京航空航天大学，2009.

［105］ 周芳春. 基于虚拟激励法的飞机滑跑谱响应计算［D］. 南京：南京航空航天大学，2009.

［106］ 贾腾. 飞机起落架随机动力响应的数值分析［D］. 天津：天津大学，2014.

［107］ 刘诗福，凌建明，袁捷，等. 基于竖向加速度响应的机场道面平整度评价及 IRI 标准反演［J］. 公路交通科技，2017，34(5)：57-64.

［108］ 林可心，岑国平，李乐，等. 飞机起飞着陆性能仿真与分析［J］. 空军工程大学学报（自然科学版），2012，13(4)：21-25.

［109］ 程国勇，侯栋文，黄旭栋. 基于动荷载系数限值的道面平整度分析技术［J］. 中国民航大学学报，2016，34(4)：59-64.

［110］ SIVAKUMAR S，HARAN A. Mathematical Model and Vibration Analysis of Aircraft with Active Landing Gears［J］. Journal of Vibration and Control，2015，21(2)：229-245.

［111］ TOLOEI A，AGHAMIRBAHA E，ZARCHI M. Mathematical Model and Vibration Analysis of Aircraft with Active Landing Gear System Using Linear Quadratic Regulator Technique［J］. International Journal of Engineering-Transactions B：Applications，2016，29(2)：137-144.

［112］ 王维，邓松武. 机场跑道道面平整度评价及其影响分析［J］. 中国民航大学学报，2006，24(2)：10-15.

［113］ 赵晓华，岑国平，王浩，等. 基于小波理论的机场道面平整度指标研究［J］. 公路工程，2006，31(3)：19-21.

［114］ KHAPANE P D. Simulation of Asymmetric Landing and Typical Ground Maneuvers for Large Transport Aircraft［J］.

［115］ KHAPANE P D. Gear Walk Instability Studies Using Flexible Multibody Dynamics Simulation Methods in SIMPACK ［J］. Aerospace Science & Technology，2006，10(1)：19-25.

［116］ BESCH H M. Large Aircraft Landing Gears — a Brief Overview［M］. 2015.

[117] 方平. 小车式飞机起落架着陆与滑跑动态性能仿真分析[D]. 南京：南京航空航天大学，2004.

[118] 崔飞，马东立. 基于 LMSVirtual. Lab 的起落架动态性能仿真分析[J]. 计算机辅助工程，2012，21 (2)：25-29.

[119] 洪学玲. 基于 ADAMS 的小车式起落架着陆及全机滑跑动态仿真[D]. 南京：南京航空航天大学，2008.

[120] 张明，聂宏，朱如鹏，等. 基于虚拟样机技术的飞机地面运动多学科协同仿真[J]. 中国机械工程，2010，21(10)：1194-1199.

[121] 李佳滨，贾玉红. 基于虚拟样机技术的大柔性飞机着陆动态性能仿真分析[C]. 中国航空学会青年科技论坛，2014.

[122] 杨尚新. 多轮起落架的数字化建模及其动态性能仿真[J]. 科技视界，2015，(27)：102-103，166.

[123] 刘顺涛，陈雪梅，赵正大，等. 飞机起落架机构运动仿真技术研究[J]. 航空制造技术，2015，475(6)：89-91.

[124] 朱立国，陈俊君，袁捷，等. 基于虚拟样机的飞机滑跑荷载[J]. 同济大学学报（自然科学版），2016，44(12)：1873-1879，1888.

[125] Federal Aviation Administration. Airbus A330-200 Final Surface Roughness Study Data Collection [R]. Washington D C：Federal Aviation Administration，2016.

[126] KANAZAWA H，SU K，NOGUCHI T，et al. Evaluation of Airport Runway Pavement Based on Pilots' Subjective Judgement[J]. International Journal of Pavement Engineering，2010，11(3)：189-195.

[127] 周正峰. 机场水泥混凝土道面接缝传荷能力研究[D]. 上海：同济大学，2008.

[128] 中国民用航空局. 民用机场水泥混凝土道面设计规范：MH 5004—2009 [S]. 北京：中国民航出版社，2009.

[129] 中华人民共和国交通运输部. 公路水泥混凝土路面设计规范：JTG D40—2011[S]. 北京：人民交通出版社，2011.

[130] 中国人民解放军总后勤部. 军用机场水泥混凝土道面设计规范：GJB 1278A—2009[S]. 北京：人民交通出版社，2009.

[131] CHOU Y T. Rigid Pavement Design for Roads and Streets Elastic Layered Method[C]//4th International Conference on Concrete Pavement Design and Rehabilitation，West Lafayette，USA，1989.

[132] FEDERAL AVIATION ADMINISTRATION. Airport Pavement Design and Evaluation (Advisory Circular 150/5320-6D) [R]. Washington D C：U. S. Department of Transportation，1995.

[133] TIMOSHENKO S P. Method of Analysis of Statical and Dynamical Stresses in Rail[C]// Proceedings of the Second International Congress for Applied Mechanics. Switzerland，1926.

[134] LIVESLEY R K. Some Notes on the Mathematical Theory of a Loaded Elastic Plate Resting on an Elastic Foundation[J]. The Quarterly Journal of Mechanics and Applied Mathematics，1953，6 (1)：32-44.

[135] KENNEY J T. Steady-state vibrations of beam on elastic foundation for moving load[J]. Journal of Applied Mechanics，1954，21(4)：359-364.

［136］COLE J，HUTH J. Stresses Produced in a Half Plane by Moving Loads[J]. Journal of Applied Mechanics，1958，25(4)：433-436.

［137］THOMPSON W E. Analysis of Dynamic Behavior of Roads Subject to Longitudinally Moving Loads[J]. Highway Research Record，1963 (39)：1-24.

［138］EASON G. The Stresses Produced in a Semi-Infinite Solid by a Moving Surface Force[J]. International Journal of Engineering Science，1965，2(6)：581-609.

［139］VAJARASATHIRA K，YENER M，TING E C. Aircraft-Pavement Interaction in Runway Analysis[J]. Journal of Structural Engineering，1984，110(5)：1008-1020.

［140］成祥生.弹性地基板由运动荷载引起的动力反应[J].应用数学与力学,1987,8(4):347-354.

［141］黄晓明,邓学钧.弹性半空间地基板在动荷作用下的力学分析[J].岩土工程学报,1991,13(4): 66-70.

［142］许金余.飞机道面土基动力耦合系统有限元分析[J].计算结构力学及其应用,1994,11(1):77-84.

［143］侯卫.移动荷载下粘弹地基上刚性道面板响应分析[J].中国港湾建设,2009(6):17-19.

［144］WESTERGAARD H M. Stresses in Concrete Pavements Computed by Theoretical Analysis[J]. Public Roads，1926，7(2)：25-35.

［145］PICKETT G，RAY G K. Influence Charts for Concrete Pavements[J]. Transactions of the American Society of Civil Engineers，1951(116)：49-73.

［146］PICKETT G，BADARUDDIN S. Influence Chart for Bending of a Semi-Infinite Pavement Slab [C]//Proceedings of the 9th International Congress on Applied Mechanics，Brussels,1956.

［147］朱照宏,王秉纲,郭大智.路面力学计算[M].北京:人民交通出版社,1985.

［148］BURMISTER D M. The theory of Stresses and Displacements in Layered Systems and Applications to the Design of Airport Runways[C].//Highway Research Board，1943.

［149］CHEUNG Y K，ZINKIEWICZ O C. Plates and Tanks on Elastic Foundations-an Application of Finite Element Method [J]. International Journal of Solids and structures，1965，1(4)：451-461.

［150］IOANNIDES A M，THOMPSON M R，BARENBERG E J. Finite Element Analysis of Slabs-on-Grade Using a Variety of Support Models[C].// Third International Conference on Concrete Pavement Design and Rehabilitation Location，Purdue University，West Lafayette，Indiana，1985.

［151］TABATABAIE A M，BARENBERG E J. Longitudinal joint systems in slip-formed rigid pavements，vol. 3，user's manual，report FAA-RD-79-4，Ⅲ[R]. Washington D C：Department of Transportation，1979.

［152］CHOU Y T. Structural Analysis Computer Programs for Rigid Multicomponent Pavement Structures with Discontinuities-WESLIQID and WESLAYER，Report Ⅰ：Program Development and Numerical Presentations [R]. Washington D C：Army Engineer Waterways Experiment Station Vicksburg Ms Geotechnical Lab，1981.

［153］TAYABJI S D，COLLEY B E. Analysis of Jointed Concrete Pavements[J]. Transporation Research Board，1986.

［154］张起森.道路工程有限元分析法[M].北京:人民交通出版社,1983.

［155］姚祖康.水泥混凝土路面荷载应力的有限元分析[J].同济大学学报,1979(6):45-55.

［156］谈至明,姚祖康,田波.水泥混凝土路面的荷载应力分析[J].公路,2002(8):15-18.

[157] CHATTI K, LYSMER J, MONISMITH C L. Dynamic Finite-Element Analysis of Jointed Concrete Pavements[J]. Transporation Research Record, 1994(1449): 79-90.

[158] ZAMAN M, ALVAPPILLAI A. Contact-Element model for Dynamic Analysis of Jointed Concrete Pavements[J]. Journal of Transportation Engineering, 1995, 121(5): 425-433.

[159] HUANG M H, THAMBIRATNAM D P. Dynamic Response of Plates on Elastic Foundation to Moving Loads[J]. Journal of Engineering Mechanics, 2002, 128(9): 1016-1022.

[160] SHOUKRY S N, FAHMY M, PRUCZ J, et al. Validation of 3D-FE Analysis of Rigid Pavement Dynamic Response to Moving Traffic and Nonlinear Temperature Gradient Effects [J]. International Journal of Geomechanics, 2007, 7(1): 16-24.

[161] 薛华鑫. 飞机滑行状态下振动频率响应分析[D]. 天津:中国民航大学,2014.

[162] 凌道盛,张凡,赵云,等. 飞机荷载作用下非均匀道基动力响应分析[J]. 土木工程学报,2017,50 (2):97-109.

[163] 许金余. 飞机-道面-土基动力耦合系统有限元分析[J]. 计算力学学报,1994,11(1):77-84.

[164] DONG Q, WANG J, ZHANG X, et al. Dynamic Response Analysis of Airport Pavements During Aircraft Taxiing for Evaluating Pavement Bearing Capacity[J]. Journal of Zhejiang University-SCIENCE A, 2021, 22(9): 736-750.

[165] LI S B, GUO J N. Modeling and Dynamic Analysis of an Aircraft-Pavement Coupled System[J]. Journal of Vibration Engineering and Technologies, 2022: 1-13.

[166] 许金余,范建设,李为民. 机场水泥混凝土道面表面特性及随机振动分析[M]. 西安:西北工业大学出版社,2009.

[167] 曾庆元,郭向荣. 列车桥梁时变系统振动分析理论与应用[M]. 北京:中国铁道出版社,1999.

[168] 晋智斌. 车-线-桥耦合系统及车—桥随机振动[D]. 成都:西南交通大学,2007.

[169] ZHANG Z C, LIN J H, ZHANG Y H, et al. Non-Stationary Random Vibration Analysis for Train-Bridge Systems Subjected to Horizontal Earthquakes[J]. Engineering Structures, 2010, 32 (11): 3571-3582.

[170] LIN J H, ZHANG Y H, ZHAO Y. Seismic Spatial Effects on Long-Span Bridge Response in Nonstationary Inhomogeneous Random Fields [J]. Earthquake Engineering and Engineering Vibration, 2005 4(1): 80-87.

[171] LI J, CHEN J, SUN W, et al. Advances of the Probability Density Evolution Method for Nonlinear Stochastic Systems[J]. Probabilistic Engineering Mechanics, 2012, 28: 132-142.

[172] 李杰,陈建兵. 随机动力系统中的概率密度演化方程及其研究进展[J]. 力学进展,2010,40(2): 170-188.

[173] 翟婉明. 车辆-轨道耦合动力学[M]. 北京:科学出版社,2015.

[174] XU L, ZHAI W M. A New Model for Temporal-Spatial Stochastic Analysis of Vehicle-Track Coupled Systems[J]. Vehicle System Dynamics, 2017, 55(3): 427-448.

[175] 余志武,毛建锋,谈遂,等. 车桥竖向随机振动的概率密度演化分析[J]. 中南大学学报:自然科学版,2015,46(4):1420-1427.

[176] MAO J, XIAO Y, YU Z W, et al. Probabilistic Model and Analysis of Coupled Train-Ballasted Track-Subgrade System with Uncertain Structural Parameters [J]. Journal of Central South

University，2021，28(7)：2238-2256.

[177] 中国民用航空局.民用机场沥青道面设计规范：MH/T 5010—2017[S]. 北京：中国民航出版社，2017.

[178] 中国民用航空局.民用机场水泥混凝土道面设计规范：MH/T 5004—2010[S]. 北京：中国民航出版社，2010.

[179] Federal Aviation Administration. Airport Pavement Design and Evaluation：AC150/5320-6F[S]. U. S. A.：Department of Transportation Advisory Circular，2016.

[180] 唐睿. 机场刚性道面结构响应影响面及其损伤表达[D]. 上海：同济大学，2017.

[181] 许金余，范建设，李为民. 场水泥混凝土道面表面特性及随机振动分析[M]. 西安：西北工业大学出版社，2009.

[182] LIU S F，LING J M，TIAN Y，et al. Random Vibration Analysis of a Coupled Aircraft/Runway Modeled System for Runway Evaluation[J]. Sustainability，2022，14(5)：2815.

2 飞机-跑道系统激励模型

飞机-跑道系统激励是引起飞机-跑道随机振动的根源,分为确定性激励和随机性激励两类。确定性激励可以分为跑道几何形态引发和跑道结构性能引发两种激励类型;又可分为脉冲型激励、谐波型激励、动力型激励。跑道几何形态引发的激励包括:接缝错台、坑槽和局部凹陷等;跑道结构性能引发的激励包括:道面支撑劣化和接缝传荷能力弱化等。随机性激励主要为道面随机不平整和飞机随机升力。

2.1 确定性激励模型

2.1.1 脉冲型激励

当飞机驶过接缝错台、坑槽和接缝损坏处时,机轮会发生跳跃和冲击,并向跑道施加飞机自重之外的冲击荷载,导致飞机和跑道产生振动,而当机轮离开上述位置(接缝错台、坑槽和接缝损坏处)后,这种冲击效应会立刻消失。这类激励被称为脉冲激励,可采用冲击速度或位移的方式建立其数学表达,进而作为飞机滑跑的激励输入飞机模型,进行飞机滑跑仿真。

1. 接缝错台

接缝错台是指由地基、道基或基层的竖向永久变形引起的在接缝位置出现的高差,如图 2.1 所示。《民用机场道面评价管理技术规范》(MH/T 5024—2019)对错台的判别标准见表 2.1[1],接缝错台的物理模型如图 2.2 所示。

图 2.1 接缝错台

表 2.1 错台的判别标准

损坏程度	邻板(接缝两侧)高差/mm	
	跑道及滑行道	停机坪
轻微	<6	3~13
中等	6~13	13~25
严重	>13	>25

采用位移的方式对接缝错台进行输入,由于飞机在跑道上双向滑跑(图 2.2),故接缝

错台的输入可分为顺滑跑方向和迎滑跑方向两种，见式(2.1)和式(2.2)。

$$y_0 = \begin{cases} h, & x < x_c \\ 0, & x > x_c \end{cases} \quad (2.1)$$

$$y_0 = \begin{cases} 0, & x < x_c \\ h, & x > x_c \end{cases} \quad (2.2)$$

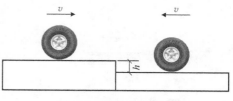

图 2.2　接缝错台模型

式中　y_0——飞机机轮输入的位移激励；

　　　h——接缝错台量；

　　　x——机轮位置；

　　　x_c——接缝错台所在位置。

2. 坑洞

坑洞是指水泥混凝土表层中的集料从板块剥落后形成的深度和面积较小的"小坑"，如图 2.3 所示。一般情况下"小坑"的直径为 25~100 mm，深度为 13~50 mm，坑洞的物理模型如图 2.4 所示。

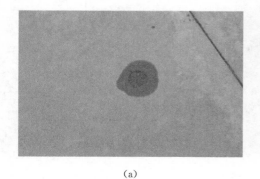
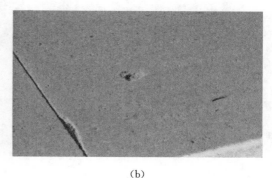

(a)　　　　　　　　　　　　　　　　(b)

图 2.3　坑洞

采用冲击速度的方式对坑洞进行输入，机轮对跑道的冲击速度 v_0 在飞机滑跑速度 v 较低和较高时存在差异，即存在临界滑跑速度 v_{cr}，如式(2.3)、式(2.4)所示。

$$\mu = \frac{m_1 + m_2}{m_2} g \quad (2.3a)$$

$$v_{cr} = \sqrt{\mu R} \quad (2.3b)$$

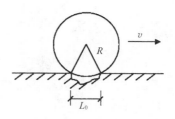

图 2.4　坑洞模型[2]

$$v_0 = \begin{cases} \dfrac{L_0}{2R}(1+\gamma)v, & v \leqslant v_{cr} \\ \dfrac{L_0}{v+v_{cr}}\left(\gamma v \sqrt{\dfrac{\mu}{R}} + \mu\right), & v > v_{cr} \end{cases} \quad (2.4)$$

式中 μ—— 飞机机轮向下落的加速度；

m_1—— 机轮承受的飞机质量；

m_2—— 机轮质量；

L_0—— 坑洞直径；

R—— 机轮半径；

γ—— 机轮旋转惯量转换为往复惯量的系数。

3. 接缝破碎

接缝破碎是指接缝两侧各 600 mm 范围内出现裂缝,该类裂缝未完全贯穿板块,一般情况下与板边斜交,容易引起板块表层脱落等病害,如图 2.5 所示。接缝破碎后,两侧板块在接缝处向下低塌,接缝破碎的物理模型可表达为图 2.6 的形式。

图 2.5　接缝破碎

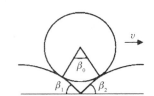

图 2.6　接缝破碎模型[3]

采用冲击速度的方式对接缝破碎进行输入,接缝破碎处机轮对跑道的冲击速度 v_0 如式(2.5)所示。

$$v_0 = \beta_0 v = (\beta_1 + \beta_2)v \tag{2.5}$$

式中　β_1、β_2—— 接缝破碎后产生的折角；$\beta_0 = \beta_1 + \beta_2$。

2.1.2　谐波型激励

在一些场景下,跑道的凹凸起伏可以用单个简谐波来近似描述,比如局部凹陷和局部隆起,这将对飞机和跑道施加谐波型激励,增加附加的动荷载。谐波型激励可采用正弦函数或余弦函数进行描述。

1. 局部凹陷

局部凹陷是指由于地基沉降或者道面结构层、道基压实度不足等原因造成道面局部区域明显低于其周边区域的现象,如图 2.7 所示,规范对局部凹陷的判别标准见表 2.2。局部凹陷的物理模型如图 2.8 所示。

表 2.2 局部凹陷的判别标准

损坏程度	3 m 直尺最大间隙/mm	
	跑道和快速出口滑行道	其他滑行道和停机坪
轻微	3～13	13～25
中等	13～25	25～51
严重	＞25	＞51

图 2.7 局部凹陷

采用位移的方式对局部凹陷进行输入,采用余弦函数来描述局部凹陷,如式(2.6)所示。

$$y_0 = \frac{1}{2}h\left[1 - \cos\left(\frac{2\pi}{L_0}vt\right)\right] \quad (2.6)$$

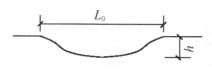

图 2.8 局部凹陷模型

式中 L_0——局部凹陷的长度;

h——局部凹陷的深度。

2. 局部隆起

局部隆起是指由于基础冻胀等原因使道面局部区域明显高于其周边区域的现象,规范对局部隆起的判别标准见表 2.3。局部凹陷的物理模型如图 2.9 所示。

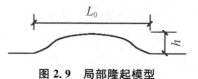

图 2.9 局部隆起模型

表 2.3 局部隆起的判别标准

损坏程度	3 m 直尺最大间隙/mm	
	跑道和快速出口滑行道	其他滑行道和停机坪
轻微	≤20	≤40
中等	20～40	40～80
严重	＞40	＞80

采用位移的方式对局部隆起进行输入,采用余弦函数来描述局部隆起,如式(2.7)所示。

$$y_0 = \frac{1}{2}h\left[1 + \cos\left(\frac{2\pi}{L_0}vt\right)\right] \tag{2.7}$$

式中　L_0——局部隆起的长度；

　　　h——局部隆起的高度。

2.1.3　动力型激励

动力型激励是指由于道面结构或其下的基础结构发生变化或者存在缺陷所引发的跑道纵向承载能力不均匀现象。无飞机作用时,这些部位在表面上与正常部位无明显区别;但当飞机机轮作用时,这些部位将出现不同于正常部位的跑道受力和变形,在飞机荷载的重复作用下,道面易产生疲劳破坏、断板等跑道病害。跑道纵向承载能力不均匀的起因主要包括道面支撑劣化、接缝传荷能力弱化等。

1. 道面支撑劣化

当接缝两侧出现道面支撑劣化的区域(图 2.10)时,对该区域内各个支点的刚度和阻尼元件进行逐一赋值,即乘以相应的比例系数,即可模拟和表达各种道面支撑劣化甚至脱空的情况,并输入飞机-跑道随机振动分析模型,具体见式[2.8(a)]和式[2.8(b)]。

$$k_v' = \lambda_k k_v \tag{2.8a}$$

$$c_v' = \lambda_c c_v \tag{2.8b}$$

式中,k_v'、k_v 分别为道面支撑劣化区域、正常区域的道基刚度;c_v'、c_v 分别为道面支撑劣化区域、正常区域的道基阻尼;λ_k、λ_c 分别为道基刚度、阻尼的比例系数。

根据道面支撑劣化的严重程度,可为 λ_k、λ_c 赋予[0,1]区间的不同数值;当道面支撑劣化已发展为脱空时,可令 $\lambda_k = \lambda_c = 0$;同时,对该区域内各个支点的刚度和阻尼元件分别赋予不同的比例系数,以模拟复杂的工况。

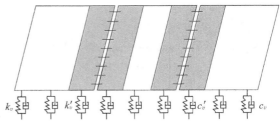

图 2.10　道面支撑劣化区域示意

2. 接缝传荷能力弱化

接缝传荷能力可由接缝剪切刚度表示,接缝剪切刚度乘以板在接缝左右两侧的弯沉差即可得到接缝传递的剪力,见式(2.9)。当接缝传荷能力被弱化时,对接缝的剪切刚度乘以一定的比例系数,如式(2.10)所列,即可模拟和表达各种接缝传荷能力弱化的情况,并输入飞机-跑道随机振动分析模型。

$$R = \pm k_w(W_L - W_R) \tag{2.9}$$

$$K'_w = \lambda_w k_w \tag{2.10}$$

式中　R ——接缝传递的剪力；

　　　K'_w ——接缝传荷能力弱化的接缝剪切刚度；

　　　k_w ——接缝传荷能力正常的接缝剪切刚度；

　　　W_L ——板在接缝左侧的弯沉值；

　　　W_R ——板在接缝右侧的弯沉值；

　　　λ_w ——接缝剪切刚度的比例系数。

根据接缝传荷能力弱化的严重程度，可为 λ_w 赋予[0，1]区间的不同数值；当接缝已丧失传荷能力时，可令 $\lambda_w = 0$。

2.2　随机性激励模型

2.2.1　道面随机不平整

1. 道面随机不平整的成因与影响

受飞机荷载、气候环境、施工变异等不确定因素的综合影响，道面存在随机不平整情况作为激振源会加剧飞机-跑道系统的随机振动，进而增大飞机和跑道结构的动力响应，这会首先影响乘客的舒适性和飞行员对飞机的操控，其次会加速起落架的疲劳损伤，并且将增加道基附加应力，导致道面平整度继续劣化。

2. 道面随机不平整特征

理论和实践均表明，不平整的机场跑道序列在去除一些诸如错台（阶跃瞬变信号）、局部隆起（脉冲信号）、凹陷（三角形激励信号）和纵坡（超低频信号）的情况外，其表面可看作是一种各态历经平稳随机过程。上述过程可通过式(2.11)表达为

$$y(t) = A(t) \cdot x(t) \tag{2.11}$$

式中　$y(t)$ ——实际跑道不平整高程数据，但并不都满足各态历经平稳性的要求；

　　　$x(t)$ ——来自平稳随机过程的样本函数；

　　　$A(t)$ ——确定性乘法因子，代表了阶跃瞬变、脉冲信号等。

3. 道面随机不平整的功率谱密度(PSD)模型

大量道面/路面不平整度实测结果表明，道面不平整度随机信号应该用统计方法加以研究。道面断面可以看作由短波、中波和长波组成，而 PSD 表示变量在不同波长下的方差，通过不同波长下高程、速度和加速度的方差来表征路面断面的平整性，其代表了整个道面的平均不平整度，它被用于飞机结构的疲劳寿命分析和道面动力荷载分析是行之有效的。作为飞机振动输入的路面平整度，主要采用 PSD 描述其统计特性。

PSD 方法是在得到跑道不平整度大量实测数据的基础上，用功率谱图来描述谱密度对频率的函数变化。道面不平整的功率谱图是以谱密度为纵坐标、以频率或波长为横坐标的连续变化曲线，它可以清楚地表示不平整的大小随频率而变化的关系。

FAA 采集并公开了 37 条跑道中线纵断面高程数据[4]，笔者利用三维激光扫描，实测了中国 7 条跑道的道面不平整数据。通过数据分析发现，沥青道面和水泥道面在不平整序列上表现出不一样的数字特征。

图 2.11 以四条跑道为例，表示水泥跑道[(a)、(b)]与沥青跑道[(c)、(d)]的功率谱图，整体上沥青道面与水泥道面的功率谱存在一定的差异，具体表现为沥青跑道不平整 PSD 分布曲线相对比较光滑，但是水泥跑道分布曲线在高频处明显下降较快。产生这一现象的原因是沥青道面连续性好，而水泥道面板的板长一般为 5 m，因此在 $n = 0.1\ \mathrm{m}^{-1}$ 左右（n 为空间频率），水泥跑道功率谱曲线存在拐点。综上所述，应采用连续的不平整模型描述沥青道面不平整，采用分段点不连续的模型将水泥道面进行分段处理。

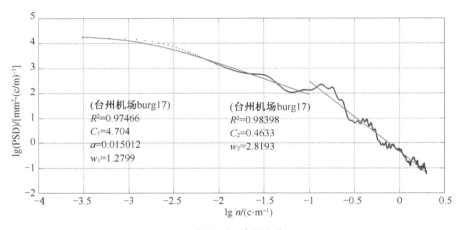

（a）台州机场（水泥跑道）

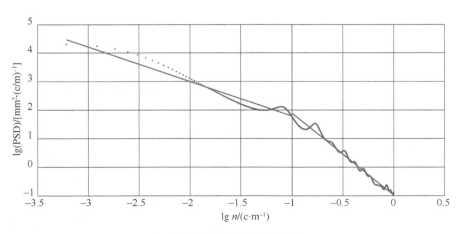

（b）新奥尔良国际机场（水泥跑道）

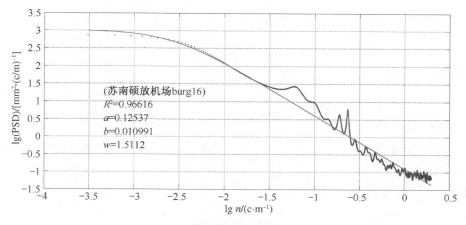

(c) 苏南硕放机场(沥青跑道)

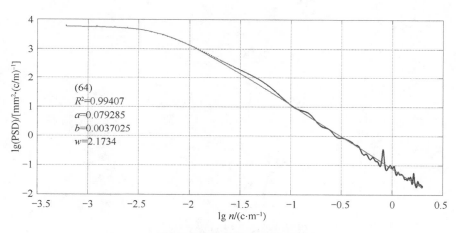

(d) 大西洋城国际机场(沥青跑道)

图 2.11 功率谱函数拟合结果

本书在对现有道面不平整 PSD 模型综合比较后,选取同济大学凌建明教授[5]提出的水泥道面和沥青道面 PSD 模型。

沥青道面表达式为

$$G_d(n) = \frac{C}{a^w + n^w}, \ 0 < n < +\infty \tag{2.12}$$

式中 n —— 空间频率;

C —— 不平整系数,C 值越大,道面越不平整;

w —— 频率指数,w 越大,道面不平整中长波成分越显著;

a —— 截断频率,当空间频率小于 a 时,$G_d(n)$ 趋向平缓。

水泥道面表达式为

$$G_d(n) = \begin{cases} \dfrac{C_1}{\alpha^{w_1} + n^{w_1}}, & n < n_0 \quad \text{第一段} \\ \\ \dfrac{C_2}{n^{w_2}}, & n \geqslant n_0 \quad \text{第二段} \end{cases} \tag{2.13}$$

4. 道面不平整实测数据拟合分析

1) 沥青跑道

采用凌建明教授提出的沥青道面 PSD 模型将国内外现有沥青跑道数据计算所得的功率谱图进行拟合,如图 2.12 所示,柱状图和曲线图分别表示国内跑道与国外跑道的拟合系数频率分布和概率密度分布。

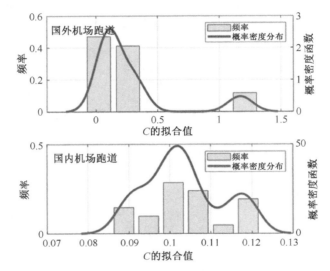

（a）沥青跑道拟合系数 C 的频率分布和概率密度分布

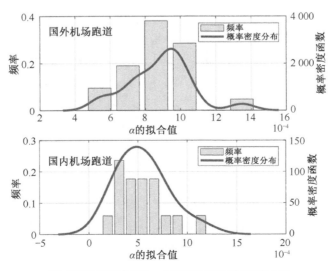

（b）沥青跑道拟合系数 α 的频率分布和概率密度分布

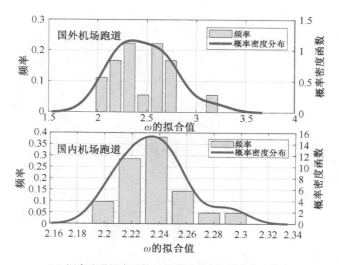

（c）沥青跑道拟合系数 ω 的频率分布和概率密度分布

图 2.12　沥青跑道拟合值概率分布与概率密度分布

可见，对于拟合系数 C 值而言，国外机场跑道呈现两个峰值；国内机场跑道正处于国外机场跑道的第一个峰内。结果表明，国外机场跑道所涵盖的跑道平整度状况范围更广。

对于拟合系数 α 而言，二者基本重合，但是国内机场跑道的拟合系数 α 值偏小。

对于拟合系数 ω 而言，国外机场跑道的取值范围较广，完全涵盖了国内机场跑道的取值范围。这是因为国外沥青跑道比国内更多、样本更丰富。

2）水泥跑道

同理，对国内外水泥道面而言，将所有水泥道面数据计算所得的功率谱图进行拟合，第一段拟合函数的参数分布如图 2.13 所示。

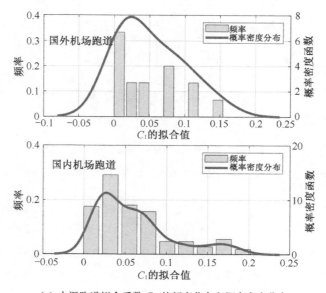

（a）水泥跑道拟合系数 C_1 的频率分布和概率密度分布

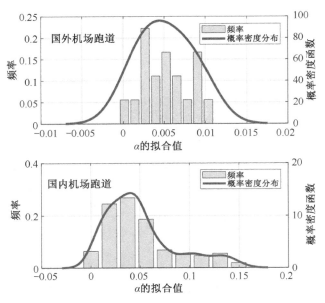

（b）水泥跑道拟合系数 α 的频率分布和概率密度分布

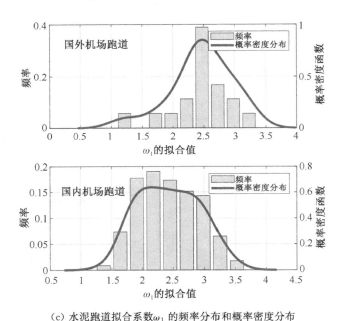

（c）水泥跑道拟合系数 ω_1 的频率分布和概率密度分布

图 2.13 水泥道面第一段拟合值频率分布和概率密度分布

对于拟合函数第一段而言，国内外机场跑道拟合系数 C_1 值呈现的分布规律基本类似。对于拟合系数 α 而言，国内机场跑道的拟合系数 α 比国外机场跑道大一个数量级，这也表明国内机场跑道的平整度水平比国外普遍更好。对于拟合系数 ω_1 而言，国外机场跑道的整体取值范围与国内机场跑道的取值范围相接近，但国内机场跑道分布更为均匀，国外机场跑道分布更为集中。

对于拟合函数第二段如图 2.14 所示,拟合参数 C_2、ω_2 的二者取值分布趋势类似,因此对于拟合函数第二段,国内和国外机场跑道的参数分布较为接近,这表明在同一个水泥混凝土板内,呈现的平整度状况基本一致。这是因为对于运营机场而言,跑道不可能存在断板、破损板等严重的病害(若存在,也已被维修以避免造成飞机安全事故),水泥混凝土跑道在板内导致不平整的病害主要为刻槽、补丁以及轻微裂缝等。因此,无论是国内还是国外机场跑道,水泥混凝土板内的平整度状况基本类似,这也同时说明了水泥混凝土跑道分段拟合的合理性。

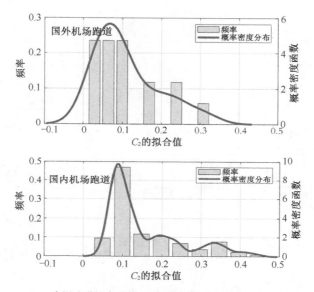

(a) 水泥跑道拟合系数 C_2 的频率分布和概率密度分布

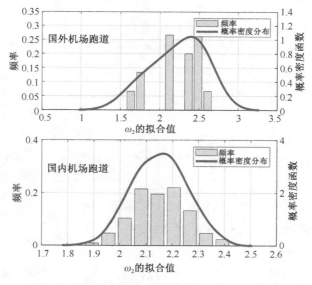

(b) 水泥跑道拟合系数 ω_2 的频率分布和概率密度分布

图 2.14 水泥道面拟合值概率分布和概率密度分布

2.2.2　飞机随机升力

由飞机升力的计算公式(2.14)可知,飞机起飞、降落滑跑过程中,风速 v_w 会影响飞机升力的大小,导致相同滑跑速度的飞机产生不同升力。而环境风力大小是随机的,因此,飞机滑跑过程中所受到的升力是随机的。飞机升力表达式为

$$F_s = \frac{1}{2}\rho(v - v_w)^2 W C_1 \tag{2.14}$$

式中　F_s——飞机升力;

　　　ρ——空气密度;

　　　v——飞机航向速度;

　　　v_w——风的速度;

　　　W——机翼面积;

　　　C_1——升力系数。

2.3　道面随机不平整实测与重构

2.3.1　跑道不平整实测

本书采用三维激光扫描仪,实现跑道三维不平整的全域、全波段检测。

1. 采集设备

本书所采用的三维激光扫描仪基于全新的处理架构、云服务连接和最新的波形处理 LiDAR 技术,通过回波数字化、在线波形处理和多时区处理等技术,可快速、高精度地采集地面数据。三维激光扫描仪如图 2.15 所示,其主要技术参数见表 2.4,三维激光扫描仪的主要性能包括:

（1）全新的处理架构能够在采集扫描数据和图像数据的同时,并行执行不同任务(点云数据拼接、添加地理参考、通过集成的惯性测量单元进行定向等)。

（2）最新的波形处理技术使得扫描仪可在雾霾、降雨等能见度较低的情况下进行高速、长距离、高精度的测量工作。

图 2.15　三维激光扫描仪

（3）支持众多外围设备和附件,灵动性高,例如集成的全球导航卫星系统(Global Navigation Satellite System,GNSS)单元用于高精度载波相位差分技(Real-time kinematic,RTK)解决方案,SIM 卡开槽用于 3G/4G 网络连接、无线网络、LAN 和 USB 等。

表 2.4 三维激光扫描仪技术参数

激光发射频率/kHz(峰值)	50	100	300	600	1 200
有效测量速率/meas·s⁻¹	21 000	42 000	125 000	250 000	500 000
最大测量范围/m($\rho\geqslant90\%$)	2 500	1 850	1 100	800	600
最大测量范围/m($\rho\geqslant20\%$)	1 300	950	540	380	290
最小测量距离/m	2	1.5	1.5	1.0	1.0
精度/重复精度/mm	5/3				
视场范围/(°)	100(垂直)/360(水平)				
尺寸(宽×高)/m	206×308				
质量/kg	9.8				

2. 采集流程与实例应用

笔者利用上述三维激光扫描仪对上海虹桥国际机场跑道三维不平整进行了实测,主要流程如下。

1)控制测量

为保证数据整体精度,在跑道测区内利用 GNSS RTK 进行控制测量,其中平面精度:$\pm(8+1.0\times10^{-6}\times D)$ mm;高程精度:$\pm(15+1.0\times10^{-6}\times D)$ mm,D 为测量距离。控制测量结果如图 2.16 所示。

图 2.16 控制测量结果

2)跑道三维不平整数据获取

使用三维激光扫描仪对跑道进行扫描时,因跑道长 3.2 km,单测站跑道扫描距离为 250 m,所以一站不能完成全部扫描,需要多站扫描。为了获取完整的道面点云数据,设站时需满足以下条件:①使所有扫描站上获得的点云数据在拼接以后得到目标物的完整点云;②相邻两站之间要有一定的重叠度,以满足精拼接的要求。获取的单测站数据结果如图 2.17 所示。

图 2.17　单测站数据结果

3）数据拼接

采用控制点精度拼接融合,精度控制在±1 cm 之内(2 倍中误差),数据融合拼接结果如图 2.18 所示。

图 2.18　数据融合拼接结果

4）标准格网数据构建

根据要求,建立标准 5 cm×5 cm 和 10 cm×10 cm 的数字格网。

3. 方法优点

与传统的 IRI 测试方法以及凌建明等开发的车载激光断面仪与 GNSS 相结合的测试

方法相比,三维激光扫描仪具有以下几个优点:

(1) 全域:现有方法单次仅可测试一条测线的不平整,需通过若干条测线的重复测量,采用"以线代面"的方法来获取离散的道面不平整数据;而采用三维激光扫描仪可得到连续的跑道面域不平整数据。

(2) 全波长:IRI 仅能测得短波;车载激光断面仪与 GNSS 相结合的方法可将长波与短波结合测量;而三维激光扫描仪可通过全波段扫描得到全波长范围的精细化道面不平整数据。

(3) 方便快捷:三维激光扫描仪可智能化扫描,无需反复多次测量。

2.3.2 二维重构

由 PSD 函数构建平整度时域模型的方法有多种,采用白噪声法、谐波叠加法以及离散傅里叶变换法都能实现跑道二维不平整模型的重构。

1. 白噪声法

跑道不平整序列可抽象为具有零均值的高斯平稳随机过程,白噪声法的基本原理就是找到满足道面平整度限定条件的白噪声(指 PSD 在整个频域内是常数的噪声),再通过适当的方法进行变换,最终拟合出所需的道面平整度随机时域模型。

白噪过程是随机性最强的平稳过程。它的功率恒定为某一常数,因而含有一切频率成分,且强度相等,若其在某一个频段内的功率恒定,在此频段外的功率为零,则可称为限带白噪过程。假设跑道随机不平整激励的道面不平整序列时域曲线为 $q(t)$,则采用白噪声法构建的时域模型为

$$\dot{q}(t) + \alpha v q(t) = W(t) \tag{2.15}$$

式中 $q(t)$—— 跑道不平整度的位移;

$\dot{q}(t)$—— 跑道不平整度的速度;

v—— 车速;

α—— 拟合系数;

$W(t)$——零均值白噪声随机信号。

2. 谐波叠加法

通过傅里叶变换分析,可将随机信号分解为具有不同频率和幅值的简谐波,而谱密度恰好等于带宽划分的谐波幅值的平方。因此,谐波叠加法就是用离散谱逼近目标谱的方法。

假设在时间频率 $f_1 < f < f_2$ 内跑道不平整的 PSD 为 $S_\xi(f)$,将其展开,则其方差 σ^2 为

$$\sigma^2 = \int_{f_1}^{f_2} S_\xi(f) \mathrm{d}f \tag{2.16}$$

将时间频率区间 (f_1, f_2) 划分为 n 段,选取每段的中心频率为 $f_{\mathrm{mid}-i}(i=1, 2, \cdots,$

n），并用对应的功率谱密度值 $S_\xi(f_{\text{mid}-i})$ 取代 $S_\xi(f)$ 在该段的值，从而得到：

$$\sigma^2 \approx \sum_{i=1}^{n} S_\xi(f_{\text{mid}-i}) \cdot \Delta f \tag{2.17}$$

在每个小段内，具有频率 $f_{\text{mid}-i}(i=1, 2, \cdots, n)$ 且标准差为 $\sqrt{\sum_{i=1}^{n} S_\xi(f_{\text{mid}-i}) \cdot \Delta f}$ 的正弦波函数为

$$q_i(t) = \sqrt{2S_\xi(f_{\text{mid}-i}) \cdot \Delta f} \cdot \sin(2\pi f_{\text{mid}-i} t + \theta_i) \tag{2.18}$$

式中，θ_i 为 $[0, 2\pi]$ 上均匀分布的相互独立的随机变量。将所有的小段内的正弦波进行叠加，就可以得到道面时域模型，即：

$$q(t) = \sum_{i=1}^{n} \sqrt{2S_\xi(f_{\text{mid}-i}) \cdot \Delta f} \cdot \sin(2\pi f_{\text{mid}-i} t + \theta_i) \tag{2.19}$$

只要 n 足够大，分段足够细，则式（2.19）得出的时域模型与给定的道面谱是一致的。

3. 离散傅里叶法

离散采样的逆傅里叶法建立时域模型的基本思路是先找到 PSD 与频谱之间的关系，再对频谱进行逆傅里叶变换，便可得到离散的道路不平整度时域模型。

假设速度为 v，将单边谱变换成双边谱，设时间序列时长为 T_s，间隔为 Δt，设时域采样点 $N_r = T_s/\Delta t$，频域采样间隔为 $\Delta f = 1/(N_r \Delta t)$，给出时间序列的频谱模值为

$$|F(k)| = N_r \sqrt{S_q(f=k\Delta f)\Delta f} \tag{2.20}$$

时间序列是一个随机过程，设 $\theta_\lambda = \cos\varphi_\lambda + i\sin\varphi_\lambda = e^{i\varphi_\lambda}$，式中 φ_λ 服从 $[0, 2\pi]$ 均匀分布。已知，$F(k)$ 的实部关于 $N_r/2$ 偶对称，虚部关于 $N_r/2$ 奇对称，故只要求出频谱在 $k = 0, 1, 2, \cdots, N_r/2$，即可由式（2.20）得到：

$$F(k) = \theta_\lambda(k) |F(k)| = N_r \theta_\lambda(k) \sqrt{S_q(k)} = N_r \theta_\lambda(k) \sqrt{S_q(f)\Delta f} \tag{2.21}$$

由于 $F(k)$ 的对称性，由式（2.21）可得所有 k 下面的 $F(k)$，并将所有的复数序列 $F(k)$ 进行逆傅里叶变换，得：

$$q(\lambda) = \frac{1}{N_r} \sum_{k=0}^{N_r-1} F(k) e^{\frac{2\pi k\lambda i}{N_r}} \quad \lambda = 0, 1, \cdots, (N-1) \tag{2.22}$$

4. 实例应用

利用上述三种方法重构基于水泥跑道 PSD 的二维不平整空间域模型（图 2.19），其中，采用的 PSD 模型见式（2.23）：

$$\begin{cases} G_d(n) = \dfrac{0.08}{0.0035^{2.2} + n^{2.2}}, & n < n_0 \\ G_d(n) = 0.1n^{-2.5}, & n \geqslant n_0 \end{cases} \tag{2.23}$$

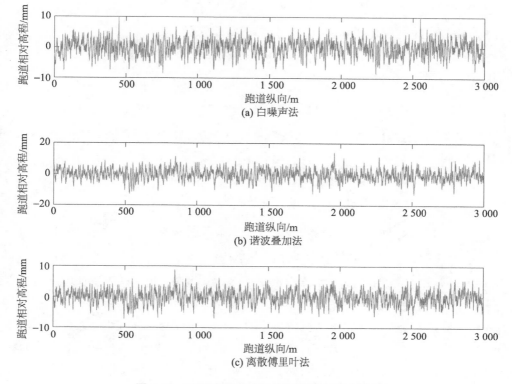

图 2.19 不同方法生成二维不平整空间域模型

2.3.3 三维重构

1. 重构方法

横向上不同轮迹线并不是完全不相关的信号,两个信号在低频时相干性较大,在高频时相干性较小。采用逆傅里叶变换法,可实现基于 PSD 和相干函数的跑道三维不平整模型重构,具体思路为:把道面不平整分成初始部分与扰动部分,两部分通过特定的 PSD 和相干函数建立联系,进而通过逆傅里叶变换法分别重构两部分的不平整情况,最终将两部分结合获得完整的道面不平整模型数据。三点式飞机的起落架轮迹如图 2.20 所示。

具体建模过程如下:①记前起落架下道面不平整 $c(s)$ 的自功率谱为 G_{cc};② 左右主起落架下的道面不平整 $x(s)$,$y(s)$ 的自功率谱分别为 G_{xx},G_{yy};③ 假设 $c(s)$,$x(s)$,$y(s)$ 具有相同的统计特征,则:

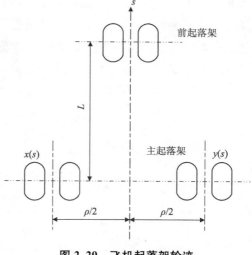

图 2.20 飞机起落架轮迹

$$G_{cc}(n) = G_{xx}(n) = G_{yy}(n) = G_d(n) \tag{2.24}$$

然后将道面不平整 $c(s)$，$x(s)$，$y(s)$ 分为初始部分与扰动部分。

$$\left.\begin{array}{l} c(s) = w(s) + n_c(s) \\ x(s) = u(s) + n_x(s) \\ y(s) = v(s) + n_y(s) \end{array}\right\} \tag{2.25}$$

再考虑平行轨迹之间的相干性，初始与扰动部分的自功率谱可分别表示为式(2.26)和式(2.27)。

$$\begin{aligned} G_{ww}(n) = G_{uu}(n) = G_{vv}(n) = G_o(n) &= |coh_{cx}(n)|\,G_d(n) \\ &= |coh_{cy}(n)|\,G_d(n) \end{aligned} \tag{2.26}$$

$$\begin{aligned} G_{n_c n_c}(n) = G_{n_x n_x}(n) = G_{n_y n_y}(n) &= (1 - |coh_{cx}(n)|)G_d(n) \\ &= (1 - |coh_{cy}(n)|)G_d(n) \end{aligned} \tag{2.27}$$

式中，$G_d(n)$ 是特定的自功率谱。$coh_{cx}(n)$，$coh_{cy}(n)$ 代表前起落架下道面不平整与主起落架下道面不平整之间的相干系数。

采用逆傅里叶变换法建立得到初始不平整 $w(s)$，$u(s)$，$v(s)$ 和扰动不平整 $n_c(s)$，$n_x(s)$，$n_y(s)$。其中，$w(s) = u(s) = v(s)$，但 $n_c(s)$，$n_x(s)$ 和 $n_y(s)$ 相互独立，最后将初始部分和扰动部分结合起来可获得完整的空间域下的道面不平整模型。

$$\left.\begin{array}{l} w(s) + n_c(s) = c(s) \\ u(s) + n_x(s) = x(s) \\ v(s) + n_y(s) = y(s) \end{array}\right\} \tag{2.28}$$

2. 实例应用

飞机起落架间距较宽，且不同机型的起落架间距也各有不同。不同机型主起落架与前起落架下的道面激励可以用功率谱与相干函数来表示。以 B737 为例，其左/右主起落架之间的间距为 5.72 m，左/右主起落架下轮迹距前起落架下轮迹均为 2.86 m，功率谱与相干函数的具体取值可参照上文分析结果，见表 2.5。采样间距取 0.25 m，仿真跑道长度取 3 000 m，仿真结果如图 2.21 所示，构建的不平整数据 PSD 和相干函数与理论曲线吻合度高，进一步验证了构建三维道面方法的准确性。

表 2.5　三维道面不平整模型仿真参数

参数	取值
不平整系数	0.12×10^{-6} m³/cycle
截断频率	0.002 cycle/m
频率指数	2
拟合参数 b	8
拟合参数 c	0.5

注：cycle 为周期数。

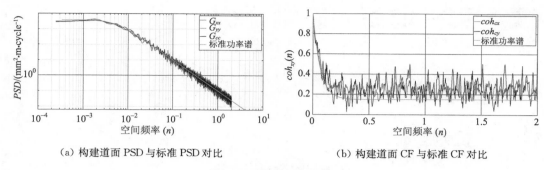

（a）构建道面 PSD 与标准 PSD 对比　　　　（b）构建道面 CF 与标准 CF 对比

图 2.21　仿真结果与验证

本章参考文献

［1］中国民用航空局.民用机场道面评价管理技术规范：MH/T 5024—2019［S］.北京：中国民航出版社，2019.

［2］赵坪锐，刘学毅.列车-轨道-路基系统动力学［M］.北京：科学出版社，2018.

［3］翟婉明.车辆-轨道耦合动力学上下册［M］.4 版.北京：科学出版社，2015.

［4］FAA. Surface Roughness Final Study Data Collection Report［M］. Washington D C：Federal Aviation Administration，2014.

［5］凌建明.机场跑道系统动力学［M］.北京：科学出版社，2023.

3 飞机地面动力学分析

3.1 飞机地面动力学理论模型

3.1.1 飞机轮胎模型

轮胎是飞机系统中直接承受不平整激励的子系统。轮胎模型会直接影响外部激励的输入,从而决定飞机振动模型的精度。因此,应对轮胎进行深入分析,建立符合轮胎实际动力学特点的模型。

1. 点接触轮胎模型

点接触模型(图 3.1)将轮胎等效为弹簧+阻尼的力学模型,其与道面单点接触。该模型形式简单,便于建模、求解,是应用最广泛的轮胎模型。但该模型不考虑轮胎的包络特性,存在与轮胎实际受力特点相差较大的问题。

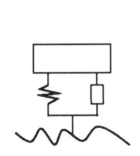

图 3.1 点接触轮胎模型的包络特性

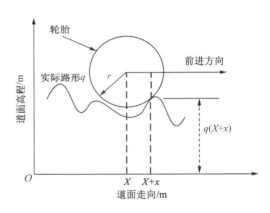

图 3.2 刚性滚子轮胎模型的包络特性

2. 刚性滚子轮胎模型

张韡等[1]的实际试验分析结果表明,当轮胎胎压较高(飞机胎压可达 1.4 MPa)而变形较小时,简化的刚性轮胎更接近实测试验结果。相较于传统的点接触模型,刚性滚子轮胎模型具有几何包容特性,轮胎与道面的接触点位将随道面平整度而产生变化,如图 3.2 所示。设定接触点位为轮胎前后一个直径范围内,最低点所对应的道面不平整,实际路形可用式(3.1)表示为

$$q^{e}(X) = \max_{x \in [-r, r]} \left[q(X+x) + \sqrt{r^2 - x^2} \right] - r \tag{3.1}$$

式中 $q^e(X)$——在点 X 处的有效路形；

　　　$q(X)$——在点 X 处的实际路形；

　　　r——飞机轮胎的半径。

3. 固定接地印迹长度的轮胎模型

固定接地印迹长度的轮胎模型是假设轮胎与道面的接触轮台是一个作用面，这相较于点接触轮胎模型更贴合实际，如图 3.3 所示。轮胎在不平整道面上运动时，其接地印迹长度是有所变化的，但该模型认为轮胎的接地印迹长度并不发生变化，且轮胎的刚度和阻尼元件均匀竖直地分布在接地印迹长度上，与真实受力情况仍有偏差。

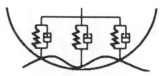

图 3.3　固定接地印迹长度的轮胎模型

4. 弹性滚子包容轮胎模型

弹性滚子包容轮胎模型也是一种面接触模型，可以反映轮胎在运动过程中的几何包容和弹性包容。该模型虽然在低频范围内仿真精度高，但不适用飞机高速运行的起降滑跑过程。

5. 精细化轮胎模型

轮胎作为弹性体，在不平整道面上运动时，轮胎接地印迹长度是存在变化的；同时，由于轮胎接地印迹的变化，轮胎刚度和阻尼将发生变化，具有明显的非线性特征。因此，为建立更加精细化的轮胎模型，需着重考虑接地印迹长度可变和非线性这两个特征。

精细化轮胎模型如图 3.4 所示。该模型采用多个径向弹簧阻尼元件，各个弹簧阻尼元件参数相同但又互相独立，在变形过程中互不影响。在飞机滑跑过程中，轮胎与不平整道面接触部分产生变形，而未接触部分不发生变形，符合接地印迹长度可变的特征；同时，参与受力的弹簧阻尼元件数量随接触部分的长度而发生变化，引发轮胎的总刚度和总阻尼变化，符合非线性特征。因此，该模型可更加真实地反映轮胎运动的实际情况，其有助于提高飞机-跑道随机振动分析的准确性。

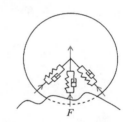

图 3.4　精细化轮胎模型

3.1.2　飞机起落架模型

1. 简化的起落架模型

不考虑起落架实际构造，将起落架缓冲器和轮胎的力学特性模拟为两个串联的弹簧＋阻尼元件的力学模型，如图 3.5 所示。

2. 精细化的起落架模型

因四轮或六轮小车式起落架构造复杂，主起落架采用多点激励的力学模型；加之活塞杆与外筒的相互作用力等，精细化的起落架模型不再仅是弹簧＋阻尼模型，具体如图 3.6 所示。

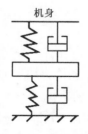

图 3.5　简化的起落架模型

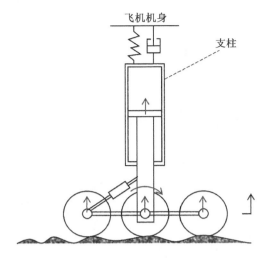

图 3.6 精细化的起落架模型

3.1.3 机翼升力模型

1. 简化的飞机升力模型

简化的飞机升力模型将机翼产生的升力 F_s 作用在飞机重心处,不考虑侧风作用下两侧机翼升力的差异,无法描述飞机滑跑过程中侧风引发的飞机侧倾等运动特征。相较于飞机机身,机翼具有显著的柔性体特征。简化的飞机升力模型会忽略机翼柔性,所建立的飞机模型中是不存在机翼的,如图 3.7 所示。

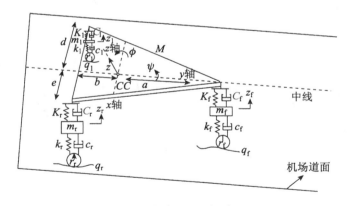

图 3.7 简化的飞机升力模型

2. 两侧机翼升力模型

在两侧机翼升力模型中,飞机升力分别作用在左右两个机翼的重心,如图 3.8 所示。当两侧机翼处的风速不同时,依据式(3.2)可分别计算两个机翼的升力,并模拟实际滑跑过程中侧风导致两侧机翼升力的差异,但该模型仍忽略了机翼的柔性。

$$
\left.\begin{aligned}
F_{sl} &= \frac{1}{2}\rho(v - v_{wl})^2 W C_l \\
F_{sr} &= \frac{1}{2}\rho(v - v_{wr})^2 W C_l
\end{aligned}\right\}
\tag{3.2}
$$

式中，F_{sl}，F_{sr} 分别为左侧、右侧机翼的升力；v_{wl}，v_{wr} 分别为左侧、右侧机翼处的风速。

图 3.8　两侧机翼升力模型

3. 柔性机翼升力模型

为增强飞行性能，新一代大型飞机多采用大展弦比机翼。该类型的机翼具有显著的柔性体特征，在飞机滑跑过程中受飞机升力、重力等的综合作用，会发生沿翼展方向的大幅度变形，对飞机振动响应具有较大影响。因此，为提高飞机地面动力学分析的准确性，应采用柔性机翼模型。

考虑到机翼细长柔性体的结构特征，本书采用欧拉-伯努利梁理论（Euler-Bernoulli beam theory）建立机翼模型，如图 3.9 所示。将机翼简化为一端固定在刚性机身、一端自由的悬臂梁，既符合机翼实际构造，还可模拟沿翼展方向机翼变形逐步增大的特征。

机翼升力实际并非仅作用在机翼重心，而是分布在整个机翼面积上。因沿翼展方向，机翼弦长不等，通常从机身处向翼尖处逐渐缩短。因此，在翼展方向上，可假设机翼升力与弦长成正比分布，具体见图 3.10。

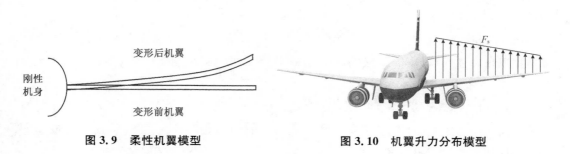

图 3.9　柔性机翼模型　　　　　　　　图 3.10　机翼升力分布模型

3.1.4　飞机地面动力学模型的分析与建立

本节以轮胎的点接触模型为例，将飞机升力作用于飞机重心，提供飞机地面动力学二自由度垂向振动模型和全自由度空间振动模型的建模思路与方法，其他模型可参考该方法进行建模和分析。

1. 二自由度垂向振动模型

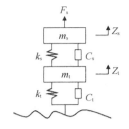

二自由度的 1/4 车辆模型在车辆动力学研究领域得到广泛成功应用[3]。考虑到飞机质量主要集中在主起落架,比如 B737-800 机型的主起落架质量分配系数达到了 93.6%[4],飞机对跑道的动力作用主要集中在主起落架。因此,可采用二自由度飞机模型研究飞机的垂向振动以及对跑道的作用力,简化计算过程,提高计算效率,如图 3.11 所示。

图 3.11　二自由度飞机模型

基于达朗贝尔原理,推导该模型在不平整激励下的振动微分方程为

$$M\ddot{Z} + C\dot{Z} + KZ = F \tag{3.3}$$

式中,质量矩阵 $M = \begin{bmatrix} m_s & 0 \\ 0 & m_t \end{bmatrix}$;阻尼矩阵 $C = \begin{bmatrix} c_s & -c_s \\ -c_s & c_s+c_t \end{bmatrix}$;刚度矩阵 $K = \begin{bmatrix} k_s & -k_s \\ -k_s & k_s+k_t \end{bmatrix}$;位移列阵 $Z = \begin{bmatrix} z_s \\ z_t \end{bmatrix}$;激励列阵 $F = \begin{bmatrix} F_s \\ k_t r_t + c_t \dot{r}_t \end{bmatrix}$。其中,$m_s$、$m_t$ 分别为簧载质量、非簧载质量;k_s,c_s 分别为起落架刚度系数和阻尼系数;k_t,c_t 分别为轮胎刚度系数和阻尼系数;z_s,z_t 分别为簧载质量和非簧载质量的竖向位移,r_t 为轮胎受到的道面不平整激励;F_s 为飞机受到的升力。

2. 六自由度空间振动模型

1) 基本考虑

(1) 竖向运动:飞机竖向运动被视为一个含簧载质量和非簧载质量的振动系统[5-7]。簧载质量包括机身、机翼和缓冲器外筒质量;非簧载质量包括刹车装置和轮胎等的质量,可将起落架的缓冲器和轮胎都视作含一定刚度系数的弹簧和一定阻尼系数的阻尼器并联而成。

(2) 俯仰转动:多数飞机动力学建模将簧载质量简化成一个位置固定的点质量[8-10],以建立单自由度或双自由度的数学模型。这忽略了飞机自身的俯仰转动,不能真实地反映其动力学响应。

(3) 侧倾转动:多数飞机动力学模型认为飞机的水平振动相对竖向振动较小而忽略侧倾转动[11],但事实上飞机主起落架和前起落架的横向距离较大,跑道或滑行道的横向不均匀性使二者受到的不平整激励并不一致,因此需考虑飞机的侧倾转动。

2) 空间振动模型

基于上述考虑,建立六自由度的飞机空间振动模型,如图 3.12 所示。

在任意一个瞬时,飞机处于动力平衡状态。基于达朗贝尔原理推导道面不平整激励下飞机地面动力学模型的振动平衡方程,并按照矩阵式(3.4)—式(3.9)进行表达:

$$M\{\ddot{Z}\} + C\{\dot{Z}\} + K\{Z\} = C_t[\dot{q}] + K_t[q] \tag{3.4}$$

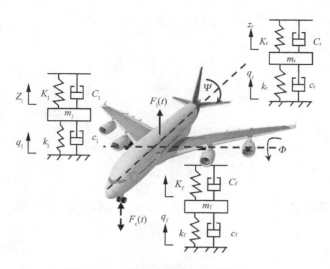

图 3.12 六自由度的飞机空间振动模型

其中：

$$\boldsymbol{M} = \begin{bmatrix} M_p & 0 & 0 & 0 & 0 & 0 \\ 0 & I_x & 0 & 0 & 0 & 0 \\ 0 & 0 & I_y & 0 & 0 & 0 \\ 0 & 0 & 0 & m_f & 0 & 0 \\ 0 & 0 & 0 & 0 & m_r & 0 \\ 0 & 0 & 0 & 0 & 0 & m_1 \end{bmatrix} \tag{3.5}$$

$$\boldsymbol{C} = \begin{bmatrix} C_r + C_f + C_1 & dC_f - eC_r - eC_1 & bC_r - aC_1 & -C_f & -C_r & -C_1 \\ dC_f - eC_r - eC_1 & C_f d^2 + C_r e^2 + C_1 e^2 & -beC_r + beC_1 & -dC_f & eC_r & -eC_1 \\ bC_r - aC_1 & -ebC_r + eaC_1 & b^2 C_r + a^2 C_1 & 0 & -bC_r & aC_1 \\ -C_f & -dC_f & 0 & C_f + c_f & 0 & 0 \\ -C_r & eC_r & -bC_r & 0 & C_r + c_r & 0 \\ -C_1 & eC_1 & aC_1 & 0 & 0 & C_1 + c_1 \end{bmatrix} \tag{3.6}$$

$$\boldsymbol{K} = \begin{bmatrix} K_r + K_f + K_1 & dK_f - eK_r - eK_1 & bK_r - aK_1 & -K_f & -K_r & -K_1 \\ dK_f - eK_r - eK_1 & K_f d^2 + K_r e^2 + K_1 e^2 & beK_r + aeK_1 & -dK_f & eK_r & eK_1 \\ bK_r - aK_1 & -ebK_r + eaK_1 & b^2 K_r + a^2 K_1 & 0 & -bK_r & aK_1 \\ -K_f & -dK_f & 0 & K_f + k_f & 0 & 0 \\ -K_r & eK_r & -bK_r & 0 & K_r + k_r & 0 \\ -K_1 & eK_1 & aK_1 & 0 & 0 & K_1 + k_1 \end{bmatrix} \tag{3.7}$$

$$K_t = \begin{bmatrix} 0 & 0 & 0 \\ 0 & 0 & 0 \\ 0 & 0 & 0 \\ k_f & 0 & 0 \\ 0 & k_r & 0 \\ 0 & 0 & k_l \end{bmatrix} \quad C_t = \begin{bmatrix} 0 & 0 & 0 \\ 0 & 0 & 0 \\ 0 & 0 & 0 \\ c_f & 0 & 0 \\ 0 & c_r & 0 \\ 0 & 0 & c_l \end{bmatrix} \quad (3.8)$$

$$\boldsymbol{Z} = [Z_p, \Phi, \Psi, z_f, z_r, z_l]^T \quad \{q\} = [0, 0, 0, q_f, q_r, q_l]^T \quad (3.9)$$

式中，M_s 为飞机簧载质量；m_f、m_l、m_r 分别为前、左后、右后起落架非簧载质量；K_f、K_l、K_r 分别为前、左后、右后起落架缓冲器的刚度系数；C_f、C_l、C_r 分别为前、左后、右后起落架缓冲器的阻尼系数；K_t 为 k_f、k_l、k_r 组成的关于飞机轮胎的刚度矩阵，k_f、k_l、k_r 分别为前、左后、右后起落架轮胎的刚度系数；C_t 为 c_f、c_l、c_r 组成的关于飞机轮胎的阻尼矩阵，c_f、c_l、c_r 分别为前、左后、右后起落架轮胎的阻尼系数；I_x、I_y 分别为飞机模型绕 x 轴、y 轴的转动惯量；d、e 分别为前、后起落架到飞机横轴的垂直距离，a、b 分别为左后、右后起落架到飞机纵轴的垂直距离；z_f、z_l、z_r 分别前、左后、右后起落架非簧载质量的竖向位移；Z、Φ、Ψ 分别为飞机簧载质量的竖向位移、俯仰转动位移、侧倾转动位移；q_f、q_l、q_r 分别为前、左后、右后起落架轮胎的不平整激励；F_s 为作用于飞机重心的升力。

3.2 飞机地面动力学软件仿真方法

3.2.1 MATLAB/Simulink

1. MATLAB/Simulink 软件

MATLAB 软件中所提供的 Simulink 模块集成了很多数据工具，Simulink 是一个对动态系统（包括连续系统、离散系统和混合系统）进行建模、仿真和综合分析的集成软件包，被广泛应用于线性系统、非线性系统、数字控制及数字信号处理的建模和仿真。多自由度飞机滑跑方程组是由多个不同阶振动方程耦合组成，其参数众多且各物理量存在耦合，解析解不利于表达且难以使用。借助 Simulink 提供的动态系统建模、仿真和综合分析的集成环境，无需书写大量程序，仅需要通过简单直观的模块化操作，就可将飞机滑跑每个自由度的振动响应求解，具有仿真精细、效率高且灵活的优点。

2. 飞机滑跑仿真流程

Simulink 仿真关键点在于建立以各个加速度为核心的子系统，并根据动力学方程的耦合关系连接各个子系统。配合 MATLAB 中 M 文件的脚本语言，调用整个 Simulink 模型,输入跑道不平整激励,配置机型的力学参数、飞机运行速度和仿真时间等,最后启动仿真,可在工作空间中获取每个自由度对应的加速度、速度和位移响应曲线。基于 1/4 车模型求解 IRI 的 Simulink 仿真流程如图 3.13 所示,基于点接触轮胎模型的五自由度飞机和基于刚性滚子轮胎模型的六自由度飞机的仿真流程分别如图 3.14 和图 3.15 所示。

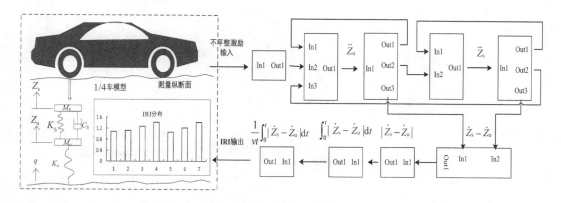

图 3.13　基于 1/4 车模型求解 IRI 的 Simulink 仿真流程

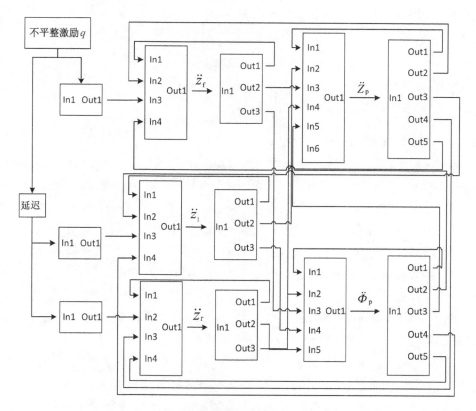

图 3.14　五自由度飞机 Simulink 仿真流程

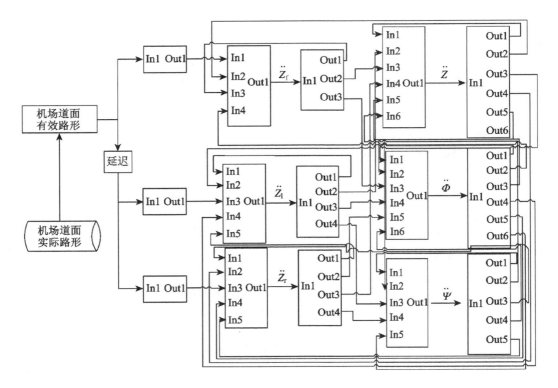

图 3.15　六自由度飞机 Simulink 仿真流程

3.2.2　ADAMS/Aircraft

1. ADAMS 软件及 Aircraft 模块

机械系统动力学自动分析软件（Automatic Dynamic Analysis of Mechanical Systems，ADAMS），是美国 MDI 公司（Mechanical Dynamic Inc）开发的虚拟样机分析软件，MDI 公司与 MSC 公司合并后又称为 MSC/ADAMS。目前，ADAMS 软件可以使工程师和设计人员在物理样机构造前建立机械系统的虚拟样机并进行分析，预估其工作性能。ADAMS 功能多样，包括：复杂机械系统的多体动力学数值样机建模和分析功能；可使用交互式图表环境、零件库、约束库和力库等；利用拉格朗日第一类方程建立系统最大量坐标动力学微分-代数方程；ADAMS 可对虚拟样机机械系统进行静力学、运动学和动力学分析，其后处理程序可以输出位移、速度、加速度和反作用力曲线以及动画仿真。其具有求解器算法稳定，对解决刚性问题十分有效等优点。

ADAMS/Aircraft 模块是 MSC 公司在 ADAMS 软件三个基本模块（View、Solver 和 Postprocessor）的基础上开发的专门用于飞机动态性能分析的模块，具体包括 Standard Mode 和 Template Builder Mode 两种模式。该模块可以单独进行轮胎分析或起落架结构分析，或将悬挂系统和轮胎装配成起落架装配体进行收放、落震分析，还可以装配成全机装配体进行滑行、着陆、转弯和刹车仿真分析。

2. 飞机虚拟样机建模流程

用于滑跑仿真分析的虚拟样机全机模型包括机身子系统、前起落架子系统、前机轮子系统、主起落架子系统和主机轮子系统。ADAMS/Aircraft 平台上不支持直接实体建模操作,但可支持其他三维建模软件的格式文件。因此,可首先利用三维建模软件 CATIA 建立飞机机身、起落架以及轮胎等的三维几何模型,并将集合构件导入 ADAMS/Aircraft 中;其次在软件平台上定义运动质量属性、运动副(约束)、力等,并建立相应的通信器;最后建立子系统,进一步组装成全机模型,如图 3.16 所示。

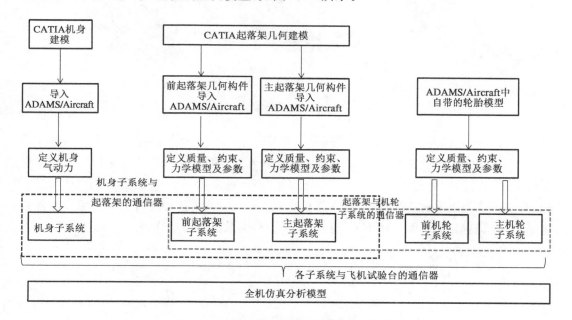

图 3.16 飞机虚拟样机全机仿真分析模型

3. 典型民用客机虚拟样机的建立

目前民用客机中波音和空客占据 90% 以上的市场。建立典型的民用客机虚拟样机对本书的研究更有说服力。民用客机按大小分类,包括窄体机、宽体客机和大型宽体客机,窄体机包括 A320 和 B787 等;宽体客机在轮胎数量和载重上有所增加,代表型号飞机有 A330、B777、B757 等;大型宽体客机包括 A380 和 B747。《民用机场飞行区技术标准》(MH 5001—2021)中根据翼展等将客机分为 C、D、E、F 类,如常见的 C 类机型有 A320 和 B787,D 类机型有 B757,E 类机型有 B777 和 A330,F 类机型有 A380 和 B747。在典型民用客机选择中应注重尽量覆盖多类机型以及参数获取方便两大方面。本书选择 B737-800、B757-200、B777-300、B787-800 和 B747-400 共 5 种典型波音民用客机和 A320neo、A330-200 和 A380-800 共 3 种典型空客民用客机。在 ADAMS/Aircraft 中装配后各机型如图 3.17 所示。

4. 飞机滑跑动力学仿真

在 ADAMS/Aircraft 模块中,各子系统与仿真试验台(testing)之间通过建立通信器

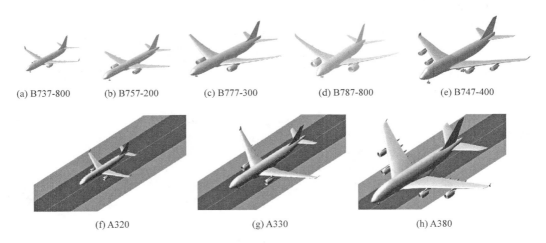

(a) B737-800   (b) B757-200   (c) B777-300   (d) B787-800   (e) B747-400

(f) A320   (g) A330   (h) A380

图 3.17　典型民用客机虚拟样机

(communicator)装配成全机模型,将起落架悬挂子系统和轮胎子系统组装成为起落架装配体,进一步将机身子系统、起落架悬挂子系统和轮胎子系统组装成全机装配体。将定义好的不平整道面模型与全机模型相结合,设置好滑行速度后,软件可以自动生成动力学微分方程组,并调用求解器求解,可得到飞机各部位的动力学响应指标,进而实现虚拟样机在道面上的滑跑、降落以及转弯等飞机地面动力行为的仿真模拟分析,见图 3.18。

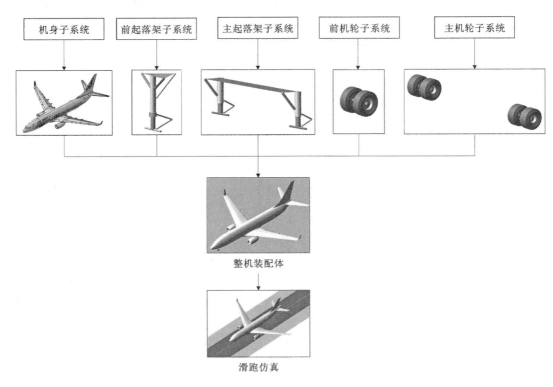

机身子系统　前起落架子系统　主起落架子系统　前机轮子系统　主机轮子系统

整机装配体

滑跑仿真

图 3.18　飞机虚拟样机全机模型装配过程

3.2.3 ProFAA

1. ProFAA 软件

ProFAA 是 FAA 开发的专门用于跑道平整度分析的计算机程序，其不仅可以计算出给定跑道的平整度指标，如 IRI、BBI、SE 和 PI 等，还具有代表性商用机型组成的飞机库（如 B727、B737 和 B747 等），其可用于飞机滑跑动力响应的仿真分析。

ProFAA 用户界面如图 3.19 所示，由左右两部分构成，其中左侧用于执行操作以及各类平整度指数的计算和显示；右侧由 6 个图片窗口构成，用来显示跑道高程剖面图和计算结果。此外，该软件也提供不同分段间隔下平整度指标的统计图表，如图 3.20 所示。

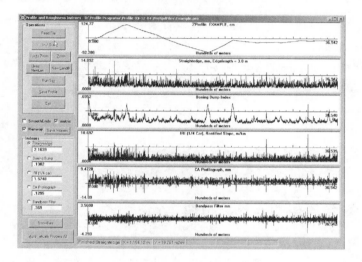

图 3.19 ProFAA 软件界面

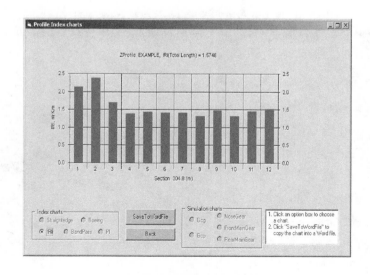

图 3.20 平整度指标分布情况

2. ProFAA 仿真方法

在进行分析之前需首先读取符合格式要求的道面数据文件(. pro)。仿真机型的选取和滑跑参数等的设定在"In/Out"界面中完成,参数具体包括采样间距、飞机速度、飞机类型和飞机自由度等,如表 3.1 所列。

表 3.1 仿真参数的设定

参数	含义及取值
采样间距/m	按照道面数据文件取值,如: 0.025
飞机速度/kn	仿真滑跑速度,取值范围:10～200 kn(1 kn=1.852 km/h)
飞机类型	可选 B727、B737、B747、DC-9、DC-10
飞机自由度	取值范围:0～10

在参数设置完成后,点击"Run Sim"即可进行飞机滑跑仿真分析。ProFAA 将自动提取飞机驾驶舱和重心处竖向加速度、前起落架和主起落架垂直荷载共 4 个指标,结果既能够以图形显示,又可按照采样间距将数值导出表格。

3.3 不平整激励下飞机滑跑动力分析

3.3.1 基于理论模型的飞机滑跑动力分析

1. 应用场景

目前常用机型的主轮距在 15 m 以下,考虑到飞机滑跑的轮迹偏移,横向采集以中心线为对称的 10 m 范围数据,间隔为 1 m,共 21 条测线;纵向通过车载式激光平整度仪采集间隔为 0.25 m、精度为 0.1 mm 的平整度数据。以华东某 2 500 m 长的 4D 机场跑道为例,采集三维平整度数据如图 3.21 所示。图 3.21 中代表跑道横向的坐标轴上数值 10 m 处为跑道中心。

选取目前民航市场上最流行的 A320 机型,采用六自由度模型,输入相应的模型参数[12]。考虑跑道长度较长,所以设置跑道平整度评价距离的间隔为 100 m;仿真速度设置为 200 km/h,并考虑到 A320 机型的主轮距为 7.59 m,因此输入机型的不平整激励分别为中心线以及左右两边距中心线各 4 m 的纵断面曲线。在分析指标的相关性和适用性时,飞机振动响应为不同轮迹带道面激励下飞机综

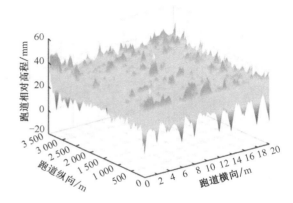

图 3.21 实测三维跑道平整度数据

合的振动响应,而 BBI 和 IRI 指标为 3 条轮迹带的平均值。

2. 飞机重心加速度响应的分布

在上述不平整激励下,收集 A320 机型飞机重心加速度的时程变化样本数据,如图 3.22 所示,振动曲线表明飞机重心的动力学响应是一种随机振动状态。飞机在跑道两端的加速度值明显大于跑道中间段,这表明跑道两端的平整度状况稍差于中间段,这是因为跑道中间段飞机升力的作用使道面所受动荷载较小,在荷载作用次数相同的情况下,跑道两端的平整度状况恶化更为显著。以 100 m 为评价间隔,跑道纵向共分为 25 段,每段的重心加速度均方根如图 3.23 所示。整体而言,各段的重心加速度均方根都不超过 $2.5 \, \text{m/s}^2$,从乘客舒适性角度判断为可接受水平。图 3.23 更直观地说明平整度在跑道空间分布上的差异性,在 0~100 m 和 2 400~2 500 m 两端的重心加速度均方根约为中间段的 2 倍,乘客可明显感觉到跑道的不平整差异。

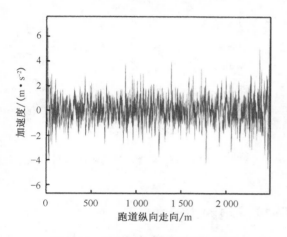

图 3.22 飞机重心竖向加速度变化

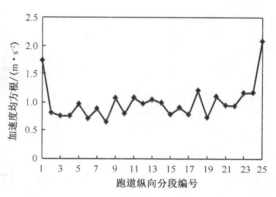

图 3.23 飞机重心竖向加速度均方根分布

3. 指标相关性分析

选取图 3.21 中三维跑道的 4 条测线,分别按 100 m 间隔计算跑道的 BBI 和 IRI,收集 100 个二者的有效样本,如图 3.24 所示。总体来看,BBI 的分布归于 0.2~0.9,IRI 的分布不超过 5.0 m/km。从二者的线性趋势上看,BBI 和 IRI 的相关性很低,约为 0.1 左右,这是因为跑道上的不平整可看作是不同波长的波段叠加而成,IRI 的敏感波段为 0~5 m 的短波段,而 BBI 的敏感波段可延伸至 120 m 的长波段。因此 BBI 和 IRI 在评价同一跑道时会表现出巨大差异。从目前规范中的评价标准分析,该 4 条测线的 BBI 均在 1.0 以下,处于可接受区。

而 IRI 有 95% 处于"好",2% 处于"中"

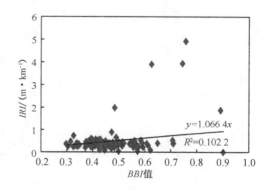

图 3.24 BBI 和 IRI 指标的相关性分析

以及 3% 处于"差"的评价段,二者在评价标准上也呈现出差异。综上所述,IRI 和 BBI 二者的相关性较差,将它们作为评价指标同等看待可能会得到不同的维修结论,因此建议以一个指标为主、另一个指标为辅的策略进行跑道平整度评价。

4. 指标的适应性分析

按 100 m 间隔收集跑道纵断面对应的 A320 机型重心竖向加速度的均方根 RMS 和平整度指标 BBI 及 IRI 数值如图 3.25 和图 3.26 所示。从竖向整体上看,BBI 的走势与飞机振动响应更加贴合,特别在跑道的尾部,二者的走势基本一致;而 IRI 与飞机振动响应的相关性较差,除在编号 1—2 和 3—5 等少数段与飞机振动响应走势相似之外,其他段的走势基本无相似性。

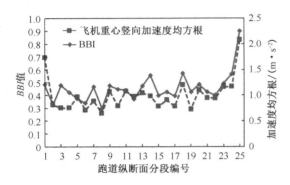

图 3.25　BBI 和重心加速度的走势　　　　图 3.26　IRI 和重心加速度的走势

3.3.2　基于 MATLAB/Simulink 的飞机滑跑动力分析

1. 不平整激励下五自由度飞机模型的滑跑动力分析

1）仿真场景

选取目前中国机场运营中某 C 类主流客机为研究机型,参数见表 3.2。

表 3.2　数值仿真的飞机参数

参数	取值	参数	取值
M_p/kg	50 033	$k_f/(\mathrm{MN \cdot m^{-1}})$	4
m_f/kg	390	$k_l/(\mathrm{MN \cdot m^{-1}})$	4
m_l/kg	888	$k_r/(\mathrm{MN \cdot m^{-1}})$	4
m_r/kg	888	$c_f/[\mathrm{kN \cdot (m \cdot s^{-1})^{-1}}]$	4
$K_f/(\mathrm{kN \cdot m^{-1}})$	110	$c_l/[\mathrm{kN \cdot (m \cdot s^{-1})^{-1}}]$	4
$K_l/(\mathrm{kN \cdot m^{-1}})$	614	$c_r/[\mathrm{kN \cdot (m \cdot s^{-1})^{-1}}]$	4
$K_r/(\mathrm{kN \cdot m^{-1}})$	614	$I_p/(\mathrm{kg \cdot m^2})$	2 442 187
$C_f/[\mathrm{kN \cdot (m \cdot s^{-1})^{-1}}]$	143	d/m	11.86
$C_l/[\mathrm{kN \cdot (m \cdot s^{-1})^{-1}}]$	625	e/m	0.78
$C_r/[\mathrm{kN \cdot (m \cdot s^{-1})^{-1}}]$	625		

近似用正弦函数表示道面不平整,如式(3.10)所示。本书取不平整激励的长度为3 km,根据 FAA 对波音平整度研究的建议[13],相邻两个采样点的水平距离为 0.25 m。

$$y = H\sin\left(\frac{2\pi x}{\lambda}\right) \tag{3.10}$$

式中,H 为振幅;λ 为波长;y 为纵断面的相对高程。

设计 3 种不同的仿真场景:①控制滑行速度为 200 km/h,设置振幅的变化范围为 0～0.1 m,仿真步长为 0.001 m;②控制滑行速度为 200 km/h,振幅为 0.003 m,设置波长的变化范围为 1～120 m,仿真步长为 1 m;③控制振幅为 0.003 m,每米增加波长,设置滑行速度的变化范围为 0～200 km/h,仿真步长为 20 km/h。

2）振幅变化

国际道路会议常设协会(Permanent International Association of Road Congress,PIARC)将引起路面不平整度的路面波长范围分为短波、中波和长波,波长分别为 0.5～5 m,5～15 m,15～50 m[14, 15]。在同一波长下,飞机重心处竖向加速度均方根和 IRI 在不同振幅作用下的分布分别见图 3.27 和图 3.28。无论是在短波(3 m)、中波(10 m)还是长波(33 m)下,飞机重心处加速度均方根和道面的 IRI 都与振幅成正比。

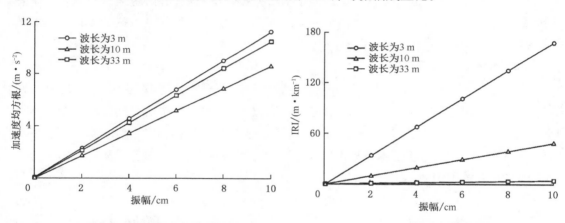

图 3.27　重心处竖向加速度均方根与振幅的关系　　图 3.28　IRI 与振幅的关系

3）波长变化

飞机重心处竖向加速度均方根和 IRI 在不同波长作用下的分布见图 3.29。在短波范围内,IRI 对 1～5 m 的波长非常敏感,在 2 m 波长时 IRI 达到最大值 8.8 m/km;在中波范围 IRI 呈现逐渐下降趋势,且下降趋于平缓,其中 10～15 m 波段内的变化相对缓和;在长波范围 IRI 呈逐渐下降趋势,当波长大于 30 m 后,IRI 接近于 0。而飞机重心处竖向加速度均方根会随着波长增加,在 0.5～120 m 范围内仿真得到的加速度均方根出现 3 个波峰;在短波范围内加速度均方根呈现先增大后减小的变化趋势,并在 4 m 波长时达到最大,出现了第 1 个波峰;在中波范围内呈现先增大、后减小和再增大的趋势,在 7 m 波长时出现第 2 个波峰;在长波范围内加速度均方根呈现下降的趋势,而第 3 个波峰出现在长波与中波的分界点 15 m 处,且此波峰对飞机加速度响应影响最大。

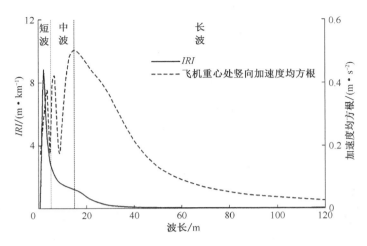

图 3.29　飞机重心竖向加速度均方根和 *IRI* 与波长的关系

综上分析,飞机在 200 km/h 滑行速度下对中长波较为敏感,而 IRI 仅对短波较为敏感。飞机竖向加速度的最大响应恰好处于 IRI 失敏的中长波段,当跑道纵断面上不平整的波长为 15 m 时,代表飞机的竖向加速度达到最大,由此引发的飞机疲劳损伤及乘客的不舒适性也最为严重,但是采用 IRI 难以检测出这种涉及长度较长的不平整纵断面。

4) 速度变化

在机场飞行区的不同功能区中,飞机滑行速度相差较大。跑道是提供飞机起降时滑行的平台,当飞机滑行速度较小时,加速度响应也较小;但当飞机滑行速度接近起飞速度时,飞机将不受不平整跑道的激励。以中上等滑行速度区域作为研究范围,取代表速度为 200 km/h。滑行道是提供跑道与机场其他区域之间快速进出的通道,飞机在滑行道上滑行的速度不高,取代表速度为 40 km/h。

以飞机重心处竖向加速度均方根最大值的 85% 所对应的波段作为敏感波段,不同滑行速度下飞机重心加速度的敏感波段分布见图 3.30。从敏感波段的最大值来看,主要分为 3 个阶段:①在滑行速度低于 80 km/h 的阶段,敏感波段最大值的增加呈现迅速—缓慢—迅速的趋势;②在 80 ~ 160 km/h 的阶段,敏感波段最大值呈现稳步增长,增加梯度约为 2 m/km;③在滑行速度大于 160 km/h 的阶段,敏感波段最大值增加趋势逐渐平缓,基本稳定在 23 m 左右。从敏感波段的跨度来看,当飞机滑行速度大于 60 km/h 时,敏感波段的跨度处于 6.4 ~ 23.6 m 的中长波范围

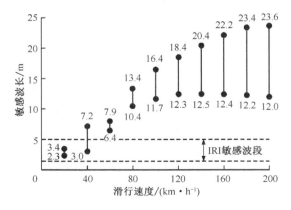

图 3.30　飞机的敏感波段与滑行速度的关系

内,且呈增大趋势,60 km/h 滑行速度对应的敏感波段跨度为 1.5 m,而 200 km/h 滑行速度对应的敏感波段跨度增大到 11.6 m;当飞机滑行速度低于 40 km/h 时,重心处竖向加速度的敏感波段跨度为 2.3~7.2 m,基本处于 IRI 的敏感波段内。

综上分析,在不同滑行速度下飞机重心处竖向加速度对波长的敏感性不同。从敏感波段来看,滑行道平整度的评估可采用 IRI,但当飞机以较高速度在跑道上滑行时,利用 IRI 检测跑道的平整度则不合理。

2. 不平整激励下六自由度飞机模型的滑跑动力分析

1)仿真场景

选取目前某 C 类主流客机为代表机型,该机型参数如表 3.3 所列。试验选取道面长度为 3 000 m,相邻两个采样点的水平距离为 0.25 m[17]。通过控制不平度系数并采用谐波叠加法可生成不同平整度的随机道面[18]。

表 3.3 代表机型参数

参数	单位	数值	参数	单位	数值
M	kg	59 033	C_f	N·s/m	143 000
r_f	m	0.40	C_1	N·s/m	625 000
r_r/r_1	m	0.605	C_r	N·s/m	625 000
m_f	kg	390	c_f	N·s/m	4 066
m_1	kg	888	c_1	N·s/m	4 066
m_r	kg	888	c_r	N·s/m	4 066
K_f	N/m	109 759	I_x	kg·m²	2 442 187
K_1	N/m	614 264	I_y	kg·m²	1 342 834
K_r	N/m	614 264	a	m	11.86
k_f	N/m	4 000 000	b	m	0.78
k_1	N/m	4 000 000	d	m	3.8
k_r	N/m	4 000 000	e	m	3.8

2)不同飞机部位的动力分析

在 A 级道面下,4 个代表部位的最大竖向加速度随滑行速度变化的分布见图 3.31。4 个代表部位的竖向加速度均随着滑行速度的增加而增加,即飞机滑行速度越高,各代表部位的振动越剧烈。在相同的滑行速度下,各代表部位的最大竖向加速度从大到小排列,依次为驾驶员、前舱位、后舱位和重心处,即当飞机在不平整道面上滑行时,对驾驶员造成的不舒适度最大,这将严重影响驾驶员对仪表数据的判读。前舱位和后舱位的乘客感受到的振动相当,并且都比重心处的乘客更剧烈些。

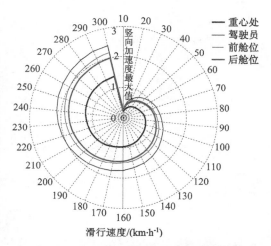

图 3.31 不同飞机部位的最大竖向加速度特性

3）不同道面平整度及滑行速度下驾驶员处最大竖向加速度分布

以最不利的驾驶员处为例,在不同道面平整度及滑行速度作用下最大竖向加速度的分布,如图 3.32 所示。最大竖向加速度随滑行速度和道面 *IRI* 值的增大而增大,等值线(虚曲线)整体上呈指数函数递减的特征,若要控制驾驶员处的最大竖向加速度处于同一水平,则需降低飞机滑行速度或提高道面 *IRI* 值。对同一水平 *IRI* 值(垂直直线 *a*),图中相邻等值线相交的距离随着滑行速度的增加而增加,这表明最大竖向加速度与滑行速度之间呈非线性递增关系,且最大竖向加速度的梯度变化随滑行速度增加呈递减趋势。同一水平滑行速度(水平直线 *b*)与图 3.32 中相邻等值线相交的距离相等,*IRI* 值对最大竖向加速度的影响呈线性递增的趋势。

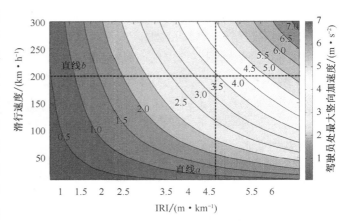

图 3.32 不同道面平整度和滑行速度下驾驶员处最大竖向加速度分布

3.3.3 基于 ADAMS/Aircraft 的飞机滑跑动力分析

1. 实测激励下飞机滑跑动力学响应特征

1）跑道不平整的三维特性

选取东营胜利机场跑道实测三维道面纵断面高程中的"左、中、右"三条测线,使其对应于飞机前机轮和左、右主机轮。以 B757-200 型为例,取最外侧的 3 号轮和 8 号轮分析(图 3.33),整个仿真过程中飞机机轮的竖向荷载历时曲线如图 3.34 所示。

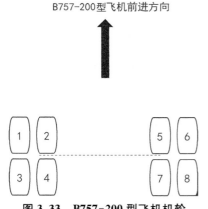

图 3.33 B757-200 型飞机机轮

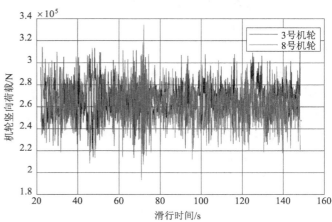

图 3.34 滑跑过程中不同机轮的竖向荷载历时曲线

可见,在整个滑跑过程中各机轮的竖向荷载都以静载为平衡位置上下震荡,在60~80 s之间,8号机轮(右外主起落架)比3号机轮(左外主起落架)的竖向荷载更大,这表明该段位置跑道右侧线更不平整;而在100~140 s之间,3号机轮的竖向荷载更大些。由此可知,跑道的三维不平整特性导致各主起落架受到的不平整激励有所差异,飞机出现了左右侧倾转动。

在三维跑道和二维跑道(中心线)下,B737-800机型驾驶舱竖向加速度的历时曲线如

图3.35所示。从整体上看,无论是三维还是二维跑道,驾驶舱竖向加速度以0为平衡位置上下震荡变化,在前半段(40~70 s)和后半段(120~150 s),二维跑道下飞机驾驶舱振动更加剧烈;而在中间段70~120 s中,三维跑道下飞机驾驶舱振动更为剧烈。这表明跑道不平整的三维特性不仅会影响各个主起落架,对机身动力学响应也会产生影响。

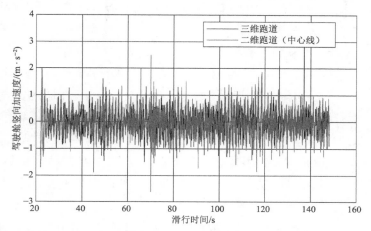

图3.35 三维跑道和二维跑道下驾驶舱竖向加速度响应曲线

2) 飞机不同位置处动力响应对比

在时域仿真上,同一机型不同位置处的响应如图3.36所示。加速度和动载系数是按照100 m距离统计出现的最大值。可见,驾驶舱位置的竖向加速度要比重心处大,前起落架动载系数也比主起落架动载系数大,因此飞机在滑跑过程中前部的振动剧烈程度要比重心处附近要大。

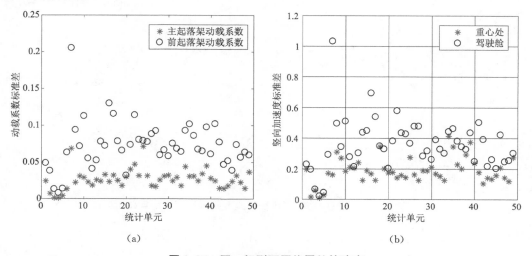

(a) (b)

图3.36 同一机型不同位置处的响应

驾驶舱较大的颠簸会影响飞行员对仪表的判读,进而提高操作难度,加大飞行事故风险,所以对驾驶舱位置的加速度要控制在一定范围之内。相比之下,整个滑跑过程的时间较短,机身重心处的颠簸对乘客影响相对较小,过大的振动将加剧乘客内心的恐惧感和不舒适感;在荷载方面,前起落架的动载系数高于主起落架,但主起落架承担荷载比前起落架大得多(分配系数达到95%),较大的荷载不仅影响构件的疲劳破坏,还会使道面承受荷载增加,加速道面破坏,缩短使用寿命。综上所述,对加速度和荷载两个方面应选用不同的位置进行分析,加速度宜对驾驶舱位置考虑的权重分配更大一些,荷载宜对主起落架轮胎荷载考虑的权重更大。

3)不同运动姿态

以 B757-200 机型飞机为例,在 ADAMS/Aircraft 中设置阻力,飞机开始着陆速度为 222 km/h,在阻力的作用下做减速直线运动。飞机竖向加速度响应、动载系数和滑行速度随滑行距离的变化见图 3.37(a)。整个运动过程历经 37 s,滑行总距离为 1 109 m,匀减速运动的加速度为 1.70 m/s²。从竖向加速度变化曲线看,刚着陆的时间段内加速度响应最大,无论是重心处还是驾驶舱处都产生了较大的加速度水平。随着滑行距离的增加,飞机振动逐渐减弱,整个过程中驾驶舱竖向加速度都比重心处要大。最后滑行的 100 m,飞机加速度响应迅速下降,直至为 0。

飞机起落架动载系数的变化如图 3.37(b)所示。整体来看,起落架动载系数呈现逐渐增加的趋势,但是在增加过程中出现了较大的上下起伏。逐渐增加的趋势是因升力逐渐减小导致的;上下起伏则是由于跑道不平整激励而造成的。与加速度响应类似,在着陆这段距离内动载系数呈现较高水平,这表明飞机着陆端的平整度更应该受到管理者的关注。此外,在 900~1 000 m 的位置处起落架动载系数的水平最高,这是因为该段距离内对应飞机的速度正好是 80~100 km/h,恰好为该机型的敏感速度区间。

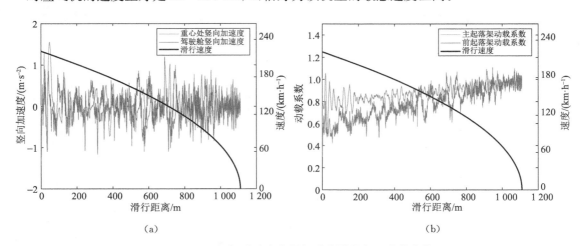

图 3.37 飞机振动响应和滑行速度随滑行距离的变化

以 B757-200 机型飞机为例,在 ADAMS/Aircraft 中设置推力,飞机从开始的 0 km/h 逐渐增加到离地速度后起飞。整个仿真过程长度为 2 138 m,飞机竖向加速度响应、动载系和滑行速度随滑行距离的变化如图 3.38 所示。整体上,由于升力的作用,起落架动载系数呈现逐渐下降的趋势,且前起落架动载系数的下降趋势比主起落架更快。在约 1 420 m 处飞机前起落架动载系数率先降为 0,这是因为飞机达到决断速度后机头先抬升,并逐渐脱离与跑道的接触;而在约 1 648 m 处飞机主起落架动载系数降为 0,这时飞机腾空并已完全脱离跑道,整个飞机拉升到完全起飞持续了 200 m 左右的距离。与降落类似,在 70~90 m 处的位置时,飞机动载系数达到最大值,这段距离刚好处在飞机的敏感速度区间。

　　从竖向加速度变化曲线看,随着滑行距离的增加,飞机振动响应呈现越来越剧烈的趋势。由于机头先抬升的缘故,后半段飞机重心处加速度响应比驾驶舱稍大,最为明显的是在 1 420 m 处,前起落架离地后驾驶舱竖向加速度急剧下降。在 1 648 m 处以后飞机逐渐离地,飞机不再受到跑道不平整激励,而是受到重力和升力的综合作用后最终产生了约 1g 大小的加速度。

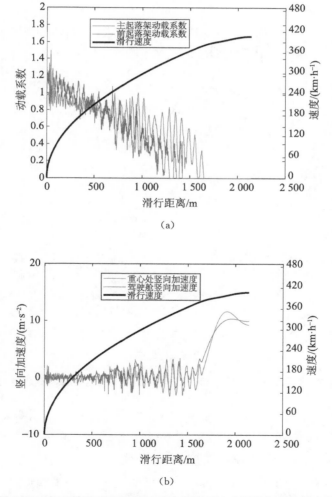

图 3.38　起飞情况下飞机振动响应和滑行速度随滑行距离的变化

4）短波和长波对飞机滑跑的影响

B757-200 机型以敏感速度范围在长波、短波和长波＋短波的三种工况下，重心处竖向加速度在跑道空间位置上的分布如图 3.39 所示。从振动频率上看，长波工况下飞机呈现低频振动，而短波工况下飞机主要含有高频振动成分。由振动响应量大小可知，在长波和短波工况下，重心处竖向加速度都分布在$[-1,1]$的范围之间，而"长波＋短波"工况下，竖向加速度则分布在$[-2,2]$之间，这表明机场跑道的短波和长波不平整对飞机振动都有影响。分析"长波＋短波"工况发现，飞机振动剧烈的位置通常是长波段不平整和短波段不平整共同导致，如在 1 400，2 250 和 2 600 m 处，"长波＋短波"下振动剧烈都对应着长波下振动剧烈和短波下振动剧烈。而短波下振动剧烈但长波下振动水平处于较低的位置（如在 1 800 m 和 1 900 m 处），或长波下振动剧烈但短波下振动水平处于较低的位置（如在 250 m 和 3 400 m 处），飞机在"短波＋长波"真实断面下的重心处竖向加速度响应水平也不高。

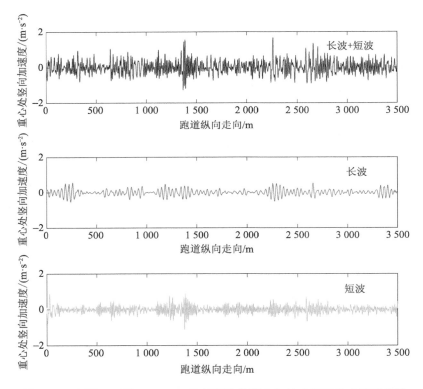

图 3.39　不同工况下 B757-200 飞机滑跑的竖向加速度振动响应历时曲线

在三种工况下，飞机滑跑的竖向加速度振动响应箱型统计如图 3.40 所示。可见，无论是哪种工况，飞机振动响应的中位数都在 0 附近，这表明飞机振动过程可近似看作接近 0 的均值过程。同时，上限与下限的跨度、上四分位数与下四分位数的跨度，"长波＋短波"工况相比其他两个工况更大；长波工况下与短波工况的跨度相近，但异常值分布范围更小，这表明长波影响偏向于整体变化趋势，短波影响偏向于局部振动。综上所述，短波和长波对飞机振动响应都影响显著,采用传统的道路激光平整度仪检测跑道平整度具有片面性。

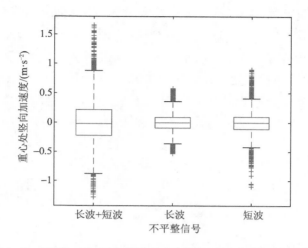

图 3.40 不同工况下飞机滑跑的竖向加速度振动响应箱型统计

2. 典型不平整激励下飞机滑跑动力学响应规律

最不利机型 B737-800 以 80 km/h 的速度在典型不平整三维跑道上滑跑,其中三维跑道的参数取值分别为对应的概率密度最大的值。飞机滑跑振动重心处竖向加速度如图 3.41 所示,按照 20 m 统计随机振动的数字特征,50 段均值和方差的变异系数仅为 2.3% 和 3.0%。这表明在典型不平整激励下飞机滑跑振动响应是一种平稳随机的过程。本节根据第 2.2.1 节中典型不平整激励的研究成果,各参数取概率密度最大值的 ±10% 区间。在平稳随机过程下,研究各机型的响应频率特征以及敏感速度更具有代表性。

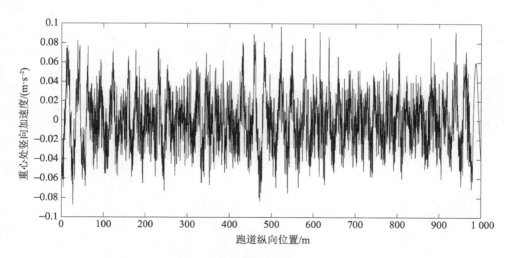

图 3.41 飞机随机振动状态

1）力学响应频率特征

　　飞机在滑跑过程中,当道面激励作用频率接近于起落架缓冲系统的自振频率时,会引起较大的加速度和冲击荷载。飞机滑跑动力响应是一组时间序列信号,利用傅里叶变换将时域信号变换到频率,可以得到其频率特征。

　　分析不同飞机在滑跑过程中的时域信号后,以机型 B757-200 和机型 B787-800 为例,重心处和驾驶舱竖向加速度的频率分布如图 3.42 和图 3.43 所示。整个振动信号在前两阶敏感频率上表现明显,其中第一阶最大;驾驶舱竖向加速度的功率谱密度明显比重心处的更大。最终,各机型的敏感频率分布见表 3.4。

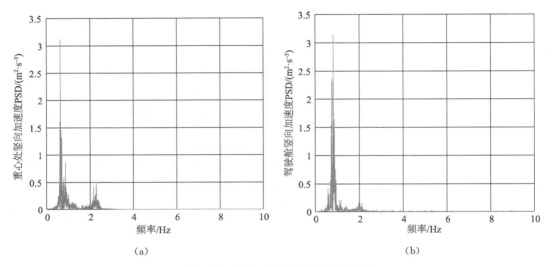

图 3.42　B757-200 机型的敏感频率

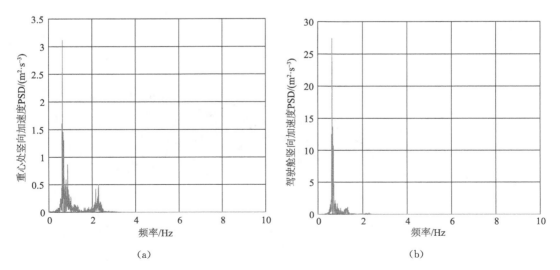

图 3.43　B787-800 机型的敏感频率

表 3.4 不同机型的敏感频率分布

机型	第一敏感频率/Hz	第二敏感频率/Hz
B737-800	1.7~1.9	3.1~3.3
B757-200	0.8~1.0	2.0~2.2
B777-300	0.5~0.75	0.8~1.2
B787-800	0.55~0.75	1.8~2.1
B747-400	0.5~0.7	1.5~1.8

关于飞机滑跑过程中的加速度频率特征,1970 年 Morris 通过在不同飞机加装传感器测得驾驶舱和重心处的加速度,结果表明在不同速度下重型轰炸机、中型轰炸机、运输机、训练机、民航客机和商务机六种机型重心处响应的频率主要为 0.75~1.2 Hz,与本书表 3.4 中得到的结论相似,进一步表明采用 ADAMS/Aircraft 虚拟样机模拟飞机滑跑动力响应具有较高的可行度。

2) 敏感速度

飞机在滑跑过程中会受到气动力的作用,升力的大小与速度和飞机的俯仰角有关,速度增大会加剧飞机的振动程度,但同时升力增大会减小来自道面的冲击荷载,所以速度会受到的影响是这两种作用综合下的结果。

本书选择跑道典型不平整激励确定各机型的敏感速度。B737-800 机型在不同滑行速度下主起落架动载系数的分布箱型如图 3.44 所示。箱型图最大的优点是可消除不同仿真时间的响应(因为速度不同),并可非常直观地展现滑行速度对飞机动力学响应的影响。其中,箱型图中的"+"表示超过上限值的数据;其他的五条横线从下往上分别代表下限、下四分位数、中位数、上四分位数和上限值。

由中位线变化可知,随着滑行速度的增加,动载系数的均值逐渐降低,这是因为动载系数的均值只受升力的影响。从主起落架动载系数最大值来看,随着滑行速度增加,动载系数最大值呈现先增加后减小的趋势。第一阶段为 40~60 km/h 的区间,主起落架动载系数最大值随着滑行速度的增加而逐渐增大;第二阶段为 60~

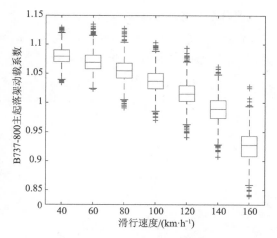

图 3.44 B737-800 机型滑行速度对主起落架动载系数的影响

160 km/h 区间,主起落架动载系数随着滑行速度增加而减少,这表明 B737-800 飞机速度超过 60 km/h 时,飞机升力的影响大于不平整激励。综上分析,可考虑 B737-800 飞机敏感速度代表值定为 60 km/h。

其余四种机型通过同样的方式仿真并分析,敏感速度代表值见表 3.5。可见,不同机型的敏感速度不同,受各机型对不平整激励响应差异、升力系数和起飞离地速度等多因素影响。

表 3.5　不同机型的敏感速度分布

机型	B737-800	B757-200	B777-300	B787-800	B747-400
敏感速度代表值/(km·h^{-1})	60	80	100	90	110

3. 余弦起伏下飞机滑跑动力学响应的消散与叠加规律

整个飞机系统的非线性减振系统将导致飞机在高速滑跑时,受到不平整激励后产生的振动不会被及时消散,即"历史"的不平整激励对飞机"未来"仍存在一段影响。若在这段消散过程中,又遇到下一个不平整激励,则二者造成飞机的动力学响应将会叠加,飞机"现在"的振动响应是这二者综合作用下的结果。

由谐波叠加法可知,任何形式的不平整激励都可看作是不同形式的三角函数叠加而成。因此,本书采用余弦函数形式的不平整起伏作为研究对象,其优点是可和波音平整度方法作出对比,而且余弦起伏在起点和终点处导数为0、变坡点光滑。相应的函数表达式为

$$y = A\left[-\cos\left(\frac{2\pi}{\lambda}x\right) + 1\right] \tag{3.11}$$

式中,λ 为波长,A 为振幅的 1/2。

1) 单起伏下飞机动力学响应的消散规律

先设置一段长 1 000 m 的光滑理想跑道纵断面,在 540 m 处设置一段波长 10 m、振幅 6 mm 的余弦单起伏。在虚拟样机仿真中,采用 B737-800 机型以 60 km/h 匀速滑跑,收集飞机重心处竖向加速度值,如图 3.45 所示。可见,尽管跑道上只出现了单个起

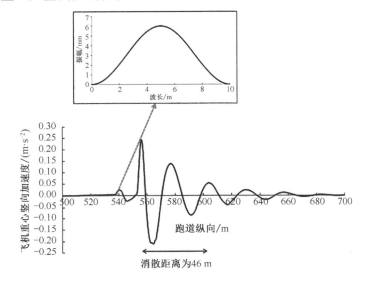

图 3.45　飞机受到单起伏后不平整激励产生振动的消散过程

伏,但是飞机振动产生了多个波峰和波谷,并且值越来越小。因此,飞机振动响应存在一段生存时间和距离,持续的距离将大于不平整激励的长度。以飞机响应最大值消散85%对应的持续长度作为消散距离,则该试验下飞机的消散距离为46 m,远大于余弦单起伏的波长。

不同滑行速度下的 B737-800 型飞机在 10 m 波长单起伏不平整激励下的振动消散距离如图 3.46 所示。随着滑行速度的增加,消散距离也将增大,且基本为线性关系。这表明,跑道不平整位置对应飞机滑行速度越快,则该处不平整对飞机后续振动的影响也越远。

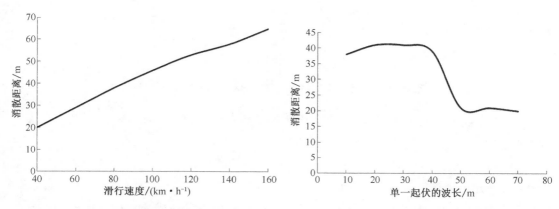

图 3.46 不同滑行速度下的消散距离　　　　图 3.47 不同单一起伏波长的消散距离

在 6 mm 振幅下,以 60 km/h 为滑行速度的 B737-800 机型的振动消散距离如图 3.47 所示。整体而言,随着单一起伏波长的增加,消散距离呈现先平稳、后迅速降低、再平稳的趋势。在 10～40 m 内,消散距离保持较高的水平,达到了 40 m,这是因为在 60 km/h 的速度下,该机型的敏感波长为 10～30 m;40～50 m 波长消散距离迅速下降,消散距离仅有波长的一半,这是由于飞机对这段区间的波长(40～50 m)不敏感,本身振动量较小;在 50～70 m 区间段相对比较平稳,这段区间的波长(50～70 m)激励刚好处于第二敏感频率。由此可见,单一起伏波长的最大消散距离可根据第一敏感频率来确定。

2)　多起伏下飞机动力学响应的叠加规律

如果在消散距离内飞机又"遭遇"下一个不平整起伏,则 2 个起伏对飞机的振动动力学响应将产生叠加效应。这样产生的后果是多起伏下飞机的最大响应将比单起伏更大。如图 3.48 所示为 B737-800 机型以 60 km/h 经过 10 m 波长、6 mm 振幅的单个起伏、2 个连续起伏以及 10 个连续起伏三种工况下的振动响应历时曲线。相比于单个起伏,多个起伏下飞机振动响应的水平更高、整个响应过程历时更久、距离更长。在 2 250 m 左右的位置,多个起伏下飞机振动响应的最大值产生了明显的叠加效应,2 个连续起伏和 10 个连续起伏情况下对应的最大值比单个起伏最大值高。在多个起伏情况下,后面起伏造成的振动大小与前面的基本相同,直到最后一个波结束后才慢慢消散。

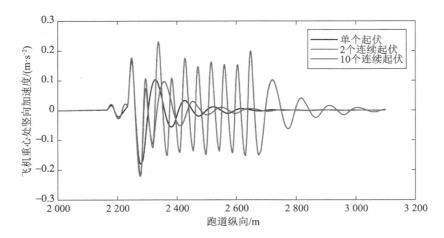

图 3.48　单起伏和多起伏下飞机的动力学响应历时曲线

在单个起伏的消散距离内,通过设置两个起伏之间的间距,飞机振动响应的叠加效应如图 3.49 所示。

当两个起伏之间的间距达到 6 m 时,飞机的振动响应会达到最大,为 2 个连续起伏情况的 1.5 倍。这个距离与波长相加刚好是 B737-800 机型的前后轴距,这在其他机型也得到了相同的结论。因此,当两个起伏之间的间距刚好使飞机前后起落架同时受到前后两个不平整起伏的激励时,飞机振动的叠加效应最为明显,这种最不利的情况如图 3.50 所示。从安全的角度,跑道平整度评价可考虑将这种最不利情况作为研究对象。

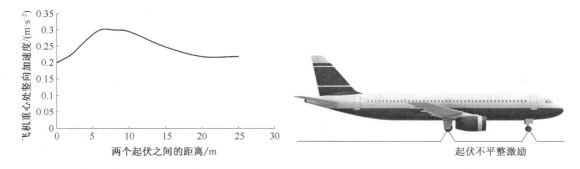

图 3.49　两个起伏之间不同距离对应的飞机振动响应　图 3.50　多起伏叠加下飞机振动最不利情况

3.3.4　基于 ProFAA 的飞机滑跑动力分析

1. 随机激励下飞机滑跑仿真分析

选择 ProFAA 飞机库中的 3 种波音机型在等级为 B 的随机道面上滑跑仿真。令飞机滑跑速度在 0~300 km/h 范围内变化(其中 B747 的滑跑速度上限更大),得到驾驶舱和重心处竖向加速度均方根随速度的变化曲线,见图 3.51 和图 3.52。

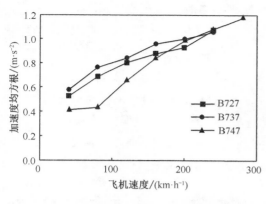

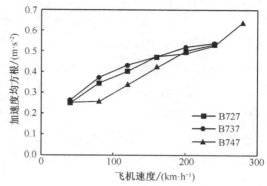

图 3.51 驾驶舱加速度均方根随速度变化　　图 3.52 重心处竖向加速度均方根随速度变化曲线

从图 3.51 和图 3.52 中可以看出,随着速度的增大,飞机的加速度响应逐渐变大。其中驾驶舱处的加速度显著大于重心处,说明在相同的不平整激励下,飞机驾驶员受到的影响比乘客更大。在速度小于 200 km/h 时,B747 的加速度响应小于 B727 和 B737;但随着速度的增加,B747 的加速度响应变化幅度更大,并在高速滑跑时(＞200 km/h)超过 B727 和 B737。但 ProFAA 未考虑飞机升力造成的影响,因此飞机的动力响应随滑跑速度的增大呈单调递增的趋势。

2. 余弦激励下飞机滑跑仿真分析

余弦波形起伏是所有跑道纵断面的组成基础,道面不平整激励可分解成不同波长和振幅的余弦波形激励。通过计算可得到不同余弦波形的道面,并生成符合 ProFAA 软件格式的道面文件,计算公式为

$$z = \frac{H}{2}\left[1 - \cos\left(2\pi \cdot \frac{x}{\lambda}\right)\right] \tag{3.12}$$

式中,x,z 为道面水平与高程坐标;H 为波峰和波谷的垂直高差,即振幅的 2 倍;λ 为波长。

1）波长对飞机动力响应的影响

固定余弦激励的振幅为 50 mm,令波长在 1～100 m 范围内变化。考虑到 B727 和 B737 在飞机尺寸和重量等方面均较为接近,选择 B737 和 B747 两种机型进行仿真分析,统一设置滑跑速度为 80 km/h,仿真结果如图 3.53 所示。

由图 3.53 可以看出,随着波长的增大,机型 B737 和机型 B747 的驾驶舱竖向加速度总体呈先增大再减小的趋势。其中,B737

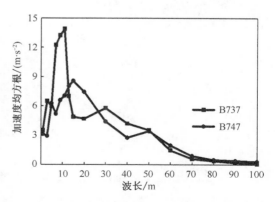

图 3.53 飞机驾驶舱加速度均方根随波长的变化

的加速度峰值出现在波长 7~11 m 处,B747 的加速度峰值出现在波长 13~20 m 处。这说明 B737 和 B747 都存在动力响应较大的敏感波长;在相同的滑跑速度下,B747 的敏感波长大于 B737,其固定频率小于 B737。

2) 振幅对飞机动力响应的影响

分别取道面余弦起伏的波长为 B737 和 B747 在 80 km/h 速度下的敏感波长(10 m 和 15 m),并调整振幅的大小,对 B737 和 B747 进行滑跑仿真分析,如图 3.54、图 3.55 所示。统计飞机驾驶舱竖向加速度均方根和主起落架动载系数峰值,发现均与振幅呈正相关。因此,当激励的波长不变时,振幅越大,飞机的动力响应也就越大。

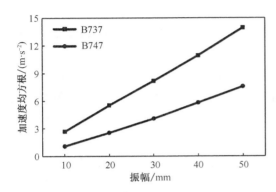

图 3.54　驾驶舱加速度均方根随振幅变化

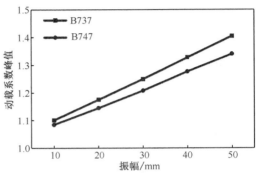

图 3.55　主起落架动载系数峰值随振幅变化

3. 实测激励下飞机滑跑仿真分析

FAA 实测并公开了美国及其他一些国家 37 条跑道的高程数据[18]。本节首先利用 ProFAA 计算 37 段实测跑道的 4 项平整度指标:SE(设置直尺长度为 3 m)、IRI、PI 和 BBI。采用 B737 作为评价机型,以 80 km/h 的速度在 37 段跑道上进行滑跑仿真。由于跑道平整度指标计算呈现的是跑道全长的平整度状况,因此对于飞机的动力响应也应采用滑跑全程的统计值。计算飞机在 37 段跑道上滑跑的驾驶舱竖向加速度均方根,对加速度均方根与 4 项跑道平整度指标建立回归模型,得到 4 组相关性拟合曲线,如图 3.56 所示。

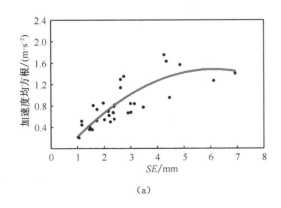

(a)

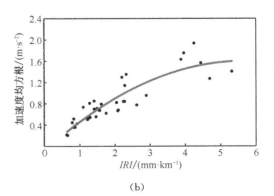

(b)

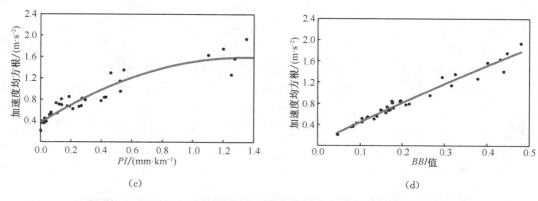

图 3.56 机型 B737 驾驶舱加速度均方根与跑道平整度指标的拟合曲线

从拟合曲线可看出,随着各项平整度指标的增加,飞机驾驶舱加速度均方根总体均呈增大趋势。但 SE 与飞机驾驶舱加速度均方根的相关性最低,采用二次函数拟合所得相关系数只有 0.663 6。IRI 和 PI 与其相关性比 SE 有所提高,相关系数分别为 0.798 6 和 0.882 1。BBI 与其相关性程度最高,且拟合式接近线性,相关系数达 0.963 0。这说明 BBI 可能更能准确地反映飞机滑跑动力响应,将其用于跑道平整度评价更为可信。凌颖琦等[19]的研究也发现,BBI 预测飞机竖向加速度均方根的能力远高于 IRI,并建议新版规范将 BBI 作为跑道平整度的主要评价指标。

本章参考文献

［1］张龑,魏朗,余强.基于有效路形的车辆振动模型[J].交通运输工程学报,2008,8(4):16-19,24.

［2］程国勇,郭稳厚.基于多自由度飞机模型的机场道面平整度评价方法[J].南京航空航天大学学报,2016,48(4):606-614.

［3］周玉民,谈至明,刘伯莹.1/4 车-路耦合动力学模型研究[J].同济大学学报(自然科学版),2012,40(3):408-413.

［4］The Boeing Company. Airplane Characteristics for Airport Planning (B737-700 /800 /900)[S]. Seattle:Boeing Commercial Airplanes,2003.

［5］SIVAKUMAR S,HARAN A P. Mathematical Model and Vibration Analysis of Aircraft with Active Landing Gears[J]. Journal of Vibration and Control,2015,21 (2): 229-245.

［6］GHARAPURKAR A,JAHROMI A F,BHAT R B,et al. Semi-active Control of Aircraft Landing Gear System Using H-infinity Control Approach [C]//2013 International Conference on Connected Vehicles and Expo (ICCVE). Las Vegas:World Academy of Connected Vehicles,2013:679-686.

［7］TOLOEI A, AGHAMIRBAHA E, ZARCHI M. Mathematical Model and Vibration Analysis of Aircraft with Active Landing Gear System Using Linear Quadratic Regulator Technique ［J］. International Journal of Engineering,2016,29 (2): 137-144.

［8］周晓青.机场道面平整度评价指标研究[D].上海:同济大学,2006.

［9］赵磊,李光元,史保华,等.公路飞机-跑道道面凹形变坡动力分析[J].长安大学学报(自然科学版),

2010,30(2):44-47.

[10] 程国勇,侯栋文,黄旭栋. 基于动荷载系数限值的道面平整度分析技术[J]. 中国民航大学学报,2016,34(4):59-64.

[11] 邓松武. 跑道平整度及道面破损对飞机运行的影响研究[D]. 天津:中国民航大学,2006.

[12] 凌建明,刘诗福,袁捷,等. 采用 IRI 评价机场道面平整度的适用性[J]. 交通运输工程学报,2017,17(1):20-27.

[13] Federal Aviation Administration. Guidelines and Procedures for Measuring Airfield Pavement Roughness[R]. Washington D C:FAA,2009.

[14] 周晓青,孙立军. 国际平整度指数与行驶车速的关系[J]. 同济大学学报(自然科学版),2005,33(10):1323-1327.

[15] 李炜光,郑敏楠,连城. 新型机场道面雾封层材料性能及施工技术研究[J]. 筑路机械与施工机械化,2015,32(11):75-78.

[16] 张轶,魏朗,余强. 基于有效路形的车辆振动模型[J]. 交通运输工程学报,2008,8(4):16-19.

[17] 聂彦鑫,李孟良,过学迅,等. 基于谐波叠加法的路面不平度重构[J]. 汽车科技,2009(4):55-58.

[18] HUDSPETH S, STAPLETON D, BALLEW J, et al. FAA Surface Roughness Final Study Data Collection Peport[R]. Washington D C:Federal Aviation Administration Terminal Area Safety,2014.

[19] 凌颖琦,刘诗福,林盛,等. 实测不平整激励下跑道平整度评价方法对比[J]. 中国民航大学学报,2019,37(3):27-32.

4 跑道动力学分析方法

4.1 跑道结构形式

机场跑道结构根据不同的面层材料可分为刚性（水泥）道面和柔性（沥青）道面。同时，复合道面兼具优秀的承载能力和功能性能，成为旧刚性道面加铺改造的主流形式。此外，由于地形和建设面积的限制，滑行道桥正被广泛应用于机场扩建中。

4.1.1 水泥道面

水泥道面强度高、稳定性好、耐久性优良、疲劳寿命长、运营期养护费用低，在我国刚性道面中占比超过90%。水泥道面典型结构形式如图4.1所示。

根据《民用机场水泥混凝土道面设计规范》（MH/T 5004—2010）[1]规定，不同等级的机场，道面的厚度不同、适合运行的飞机也不同，飞行区指标Ⅱ为C、D、E、F的道面板厚度要大于24 cm。一般而言，4E级以上的道面板厚度为32～44 cm，如浦东机场第二和第五跑道（4F级）的道面结构组合如表4.1和表4.2所列，宁波机场（4E级）跑道道面结构[2]如表4.3所列。

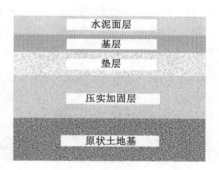

图 4.1 水泥道面典型结构

表 4.1 浦东机场第二跑道道面结构

结构层	跑道两端	厚度/cm	跑道中部	厚度/cm
面层	水泥混凝土	36～44	水泥混凝土	32～40
基层	水泥碎石	18	水泥碎石	18
	二灰碎石	18	二灰碎石	18
底基层	二灰碎石	20	二灰碎石	20

表 4.2 浦东机场第五跑道道面结构

结构层	跑道两端	厚度 cm	跑道中部	厚度/cm
面层	水泥混凝土	42	水泥混凝土	38
基层	水泥稳定碎石上基层	20	水泥稳定碎石上基层	20
	水泥稳定碎石下基层	20	水泥稳定碎石下基层	20
垫层	山皮石	50～80	山皮石	50～80

表 4.3 宁波机场跑道道面结构

结构层	跑道两端	厚度/cm
面层	水泥混凝土	36
基层	石灰土碎石	40
垫层	碎石塘渣	120

4.1.2 沥青道面

得益于平整度高、抗滑性好、减震效果优异和养护快速便捷等优点,沥青道面被广泛应用于我国机场的改扩建工程,但在新建工程中沥青道面应用仍比较有限,其典型结构形式如图 4.2 所示。

在我国新建的民用机场中,仅香港国际机场、甘肃敦煌莫高国际机场、澳门国际机场、西宁曹家堡国际机场和新疆且末玉都机场等少数几座机场采用了沥青道面。其中,香港国际机场采用柔性基层,甘肃敦煌莫高国际机场采用全厚度沥青道面结构,澳门国际机场、西宁曹家堡国际机场和新疆且末玉都机场都采用了半刚性基层沥青道面结构,具体上述机场道面结构见图 4.3。

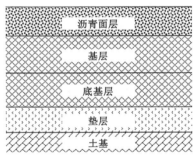

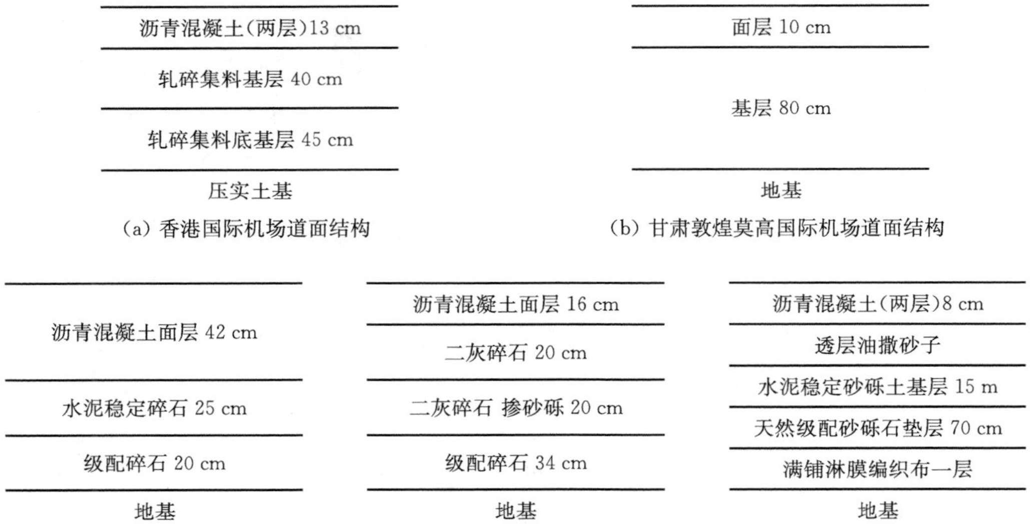

图 4.2 沥青道面典型结构

沥青混凝土(两层)13 cm

轧碎集料基层 40 cm

轧碎集料底基层 45 cm

压实土基

(a) 香港国际机场道面结构

面层 10 cm

基层 80 cm

地基

(b) 甘肃敦煌莫高国际机场道面结构

沥青混凝土面层 42 cm

水泥稳定碎石 25 cm

级配碎石 20 cm

地基

(c)澳门国际机场道面结构

沥青混凝土面层 16 cm

二灰碎石 20 cm

二灰碎石 掺砂砾 20 cm

级配碎石 34 cm

地基

(d) 西宁曹家堡国际机场道面结构

沥青混凝土(两层)8 cm

透层油撒砂子

水泥稳定砂砾土基层 15 m

天然级配砂砾石垫层 70 cm

满铺淋膜编织布一层

地基

(e) 新疆且末玉都机场道面结构

图 4.3 部分机场道面结构

沥青道面结构是一种由多种材料组成的多层结构体系,其材料种类丰富,包括:沥青混合料、无机结合料稳定材料、碎石和土等。各种材料具有不同的应力-应变特性,其中,沥青混凝土具有黏弹塑性,土和粒料具有明显的非线性特征,水泥稳定碎石通常被认为是弹性材料。

4.1.3　复合道面

　　机场复合道面是指在原有水泥道面或新建水泥道面上加铺沥青层形成的复合结构,又称复合道面。柔性沥青层的加铺使道面整体的承载能力和表面性能均得到改善,且兼具不停航施工的优势。

　　复合道面的典型结构组成包括:土基、基层、新建/旧水泥混凝土(Portland Concrete Cement,PCC)板、热拌沥青混合料(Hot Mixture Asphalt,HMA)加铺层,断面结构如图 4.4 所示。笔者通过对国内主要机场的复合道面加铺结构进行调研,整理成表结果见表 4.4。

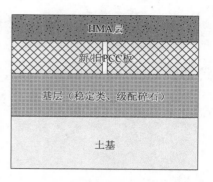

图 4.4　复合道面典型断面结构

表 4.4　国内主要机场的复合道面加铺结构

机场	HMA 层							PCC 板
	上面层		中面层		下面层		总厚度/cm	厚度/cm
	混合料类型	厚度/cm	混合料类型	厚度/cm	混合料类型	厚度/cm		
上海虹桥国际机场	SMA-13(改性)	5	AC-20(改性)	7	旧沥青层	36	48	38
青岛流亭国际机场	SMA-16(改性)	6	AC-20(改性)	6	AC-20(改性)	6	18	34
常州奔牛国际机场	SMA-13(改性)	5	—	—	AC-20(改性)	8~13.5	13~18.5	42
苏南硕放国际机场	—	5	—	6	—		11	34
厦门高崎国际机场	LH-20	6	LH-25	8	LH-25	8	22	30
北京首都国际机场	SMA-16(改性)	6	AC-20(改性)	7	AC-20	8	21	50
大连周水子国际机场	SMA-16(改性)	6	AC-21(改性)	6	AC-21(改性)	9	21	32
哈尔滨太平国际机场	SMA-13(改性)	5	AC-20(改性)	7	AC-20	6	18	35
成都双流国际机场	SMA-13(改性)	5	—	—	AC-20(改性)	7	12	38

4.1.4　滑行道桥

随着航空运输业的持续发展,机场建设规模日益增大。但是,沿海与山区的机场和部分大型枢纽机场的新建和改扩建受到地形条件、水域和既有建筑物、铁路等的限制。布设滑行道桥是解决以上问题的有效途径,因此滑行道桥在国内外得到广泛应用,我国已在北京首都、上海虹桥、西安咸阳和北京大兴等机场相继建设了 70 余座滑行道桥,如图 4.5所示。

图 4.5　滑行道桥

在使用功能上,滑行道桥可分为以下三类:①上跨进场道路的滑行道桥,如机场为跨越陆侧道路而布设的桥梁;②绕滑系统的滑行道桥,如上海虹桥国际机场绕滑道北端滑行道桥是国内跨度最长的滑行道桥,如图 4.6 所示;③跨越水域的滑行道桥,如深圳宝安国际机场三跑道扩建工程等[3]。

图 4.6　上海虹桥国际机场绕滑道北端滑行道桥

在结构形式上,滑行道桥可采用梁式桥、刚构桥和闭合框架桥三种,如图 4.7 所示。飞机载重大、机场安全要求高,因而滑行道桥跨径一般较小,我国已建和在建的 71 座滑行道桥的桥梁跨径及总长分布见表4.5[3]。

表 4.5 我国在役和在建滑行道桥的单孔跨径及桥梁总长分布

桥梁总长 L/m	桥梁数量/座	单孔跨径 L_k/m	桥梁数量/座
$L<20$	7	$L_k<10$	3
$20{\leqslant}L<100$	56	$10{\leqslant}L_k<20$	24
$100{\leqslant}L<200$	7	$20{\leqslant}L_k<30$	36
$200{\leqslant}L<300$	1	$30{\leqslant}L_k<40$	8

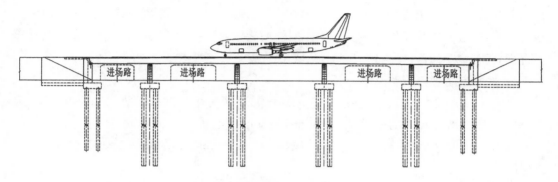

（a）梁式桥典型立面结构

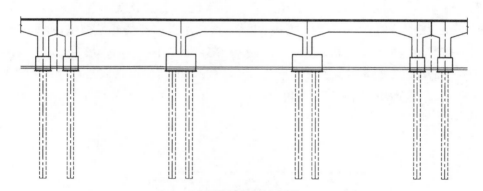

（b）刚构桥典型立面结构

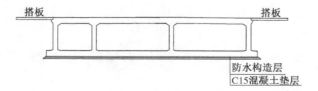

（c）闭合框架桥典型立面结构

图 4.7 滑行道桥典型立面结构

4.2 跑道动力学理论模型

4.2.1 水泥道面振动模型

在水泥道面动力响应方面,常使用的地基模型有四种:Winkler 地基模型、Kelvin 地基模型、弹性半空间体地基模型和 Pasternak 地基模型。其中,弹性半空间体地基模型由于计算过程繁琐、运算时间长,相较于其他三种模型应用较少。基于薄板弯曲理论,可将水泥道面看作是支承于地基上的单层板,也可采用考虑基层支撑作用的双层板。此外,为提高计算效率,水泥道面动力响应分析过程中也经常将道面板简化为梁模型。振动模型由简到繁,一般来讲复杂模型涵盖简单模型的功能,本节将对几种常用的水泥道面振动模型进行介绍。

1. 水泥道面垂向振动模型

为简化计算过程、提高求解效率,有时将水泥道面简化为支承于地基上的单层梁,建立垂向振动模型。常用的梁模型有 Euler-Bernoulli 梁和 Timoshenko 梁,下面以 Euler-Bernoulli 梁为例介绍水泥道面垂向振动模型,基于 Timoshenko 梁的振动模型可按照相同思路建立。

1）Winkler 地基上的单层梁模型

图 4.8 为 Winkler 地基上的单层梁模型。水泥道面简化为支撑于弹性地基上的 Euler-Bernoulli 梁。其中,Winkler 地基是最简单、应用最广泛的地基模型,Winkler 地基假设梁的挠度与地基反力成正比,可忽略地基中的阻尼力和剪应力作用。Euler-Bernoulli 梁满足以下假设:①梁的横截面尺寸远远小于其长度,并且梁变形满足小变形假定;②在变形过程中横截面始终为平面且与中性轴垂直;③可不考虑梁剪切变形和转动效应的影响[4]。

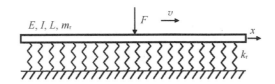

图 4.8　Winkler 地基上的 Euler-Bernoulli 梁模型

Winkler 地基上的 Euler-Bernoulli 梁在移动荷载 F 作用下将产生受迫振动,道面垂向振动的微分方程为

$$EI\frac{\partial^4 z_r}{\partial x^4} + k_r z_r + m_r \frac{\partial^2 z_r}{\partial t^2} = F\delta(x - vt) \tag{4.1}$$

式中,EI 为梁的抗弯刚度(E 为弹性模量,I 为截面惯性矩);z_r 为梁的垂向振动位移;k_r

为地基刚度；m_r 为梁在单位长度的质量；F 为外荷载；v 为荷载移动速度；$\delta(\ )$ 为狄拉克函数。

2）Kelvin 地基上的单层梁模型

在 Winkler 地基的基础上考虑地基的线性阻尼，即可得到 Kelvin 地基，从而建立起 Kelvin 地基上的 Euler-Bernoulli 梁模型，如图 4.9 所示。相较于 Winkler 地基，Kelvin 地基考虑了地基阻尼，属于黏弹性地基，但仍不考虑地基中剪应力作用。

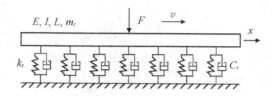

图 4.9　Kelvin 地基上的 Euler-Bernoulli 梁模型

Kelvin 地基上的 Euler-Bernoulli 梁在移动荷载 F 作用下将产生受迫振动，道面垂向振动的微分方程为

$$EI\frac{\partial^4 z_r}{\partial x^4} + c_r\frac{\partial z_r}{\partial t} + k_r z_r + m_r\frac{\partial^2 z_r}{\partial t^2} = F\delta(x - vt) \tag{4.2}$$

式中，c_r 为地基阻尼。

3）Pasternak 地基上的单层梁模型

Pasternak 地基模型在 Winkler 地基的基础上假设各弹簧单元间存在剪切相互作用，用两个独立的参数分别表示地基的抗剪和抗压特征。在 Winkler 地基的弹簧单元上设置不可压缩的剪切层，即可得到 Pasternak 地基，从而建立起 Pasternak 地基上的 Euler-Bernoulli 梁模型，如图 4.10 所示。

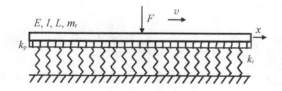

图 4.10　Pasternak 地基上的 Euler-Bernoulli 梁模型

Pasternak 地基上的 Euler-Bernoulli 梁在移动荷载 F 作用下将产生受迫振动，道面垂向振动的微分方程为

$$EI\frac{\partial^4 z_r}{\partial x^4} - k_p\frac{\partial^2 z_r}{\partial x^2} + k_r z_r + m_r\frac{\partial^2 z_r}{\partial t^2} = F\delta(x - vt) \tag{4.3}$$

式中，k_p 为地基剪切刚度。

进一步考虑地基线性阻尼，则可建立黏弹性 Pasternak 地基上的 Euler-Bernoulli 梁

模型,该模型下道面垂向振动的微分方程为

$$EI\frac{\partial^4 z_r}{\partial x^4} - k_p\frac{\partial^2 z_r}{\partial x^2} + c_r\frac{\partial z_r}{\partial t} + k_r z_r + m_r\frac{\partial^2 z_r}{\partial t^2} = F\delta(x - vt) \qquad (4.4)$$

2. 水泥道面空间振动模型

实际上水泥道面是三维结构,具有空间振动特征。因此,在水泥道面垂向振动模型的基础上,将水泥道面看作地基上的单层薄板,可获得水泥道面的空间振动模型。

1)Winkler 地基上的单层板模型

我国民用机场水泥混凝土道面设计规范采用的是 Winkler 地基上的单层板模型,其是在 Winkler 地基上 Euler-Bernoulli 梁模型的基础上,用 Kirchhoff 薄板来描述水泥道面的振动特征,即可得到 Winkler 地基上的 Kirchhoff 薄板模型,如图 4.11 所示。Kirchhoff 薄板满足如下假设:①薄板的长度和宽度远大于板的厚度,并满足小变形假定;②垂直于板中面的直线在板的变形过程中仍为垂直于薄板曲面的直线,并保持不变的长度;③不考虑板剪切变形和转动效应的影响。

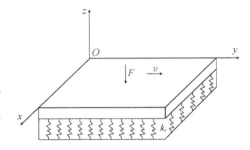

图 4.11 Winkler 地基上 Kirchhoff 薄板模型

Winkler 地基上的 Kirchhoff 薄板在移动荷载 F 作用下将产生受迫振动,道面空间振动的微分方程为

$$D\nabla^2\nabla^2 z_r + k_r z_r + \rho h\frac{\partial^2 z_r}{\partial t^2} = F\delta(x - vt)\delta(y) \qquad (4.5)$$

式中,D 为板的抗弯刚度,$D = Eh^3/12(1 - \mu^2)$,其中 E、h、μ、ρ 分别为板的弹性模量、厚度、泊松比和密度;∇^2 为二维拉普拉斯算子,$\nabla^2 = \dfrac{\partial^2}{\partial x^2} + \dfrac{\partial^2}{\partial y^2}$。

2)Kelvin 地基上的单层板模型

在 Winkler 地基上的 Kirchhoff 薄板模型的基础上,考虑地基的线性阻尼,即可得到 Kelvin 黏弹性地基上的 Kirchhoff 薄板模型,如图 4.12 所示。

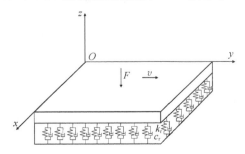

图 4.12 Kelvin 地基上 Kirchhoff 薄板模型

　　Kelvin 地基上的 Kirchhoff 薄板在移动荷载 F 作用下将产生受迫振动,道面空间振动的微分方程为

$$D\nabla^2\nabla^2 z_r + c_r\frac{\partial z_r}{\partial t} + k_r z_r + \rho h\frac{\partial^2 z_r}{\partial t^2} = F\delta(x-vt)\delta(y) \tag{4.6}$$

3) Pasternak 地基上的单层板模型

　　在 Winkler 地基上的 Kirchhoff 薄板模型的基础上,考虑地基弹簧间的剪切相互作用,即可建立起 Pasternak 地基上的 Kirchhoff 薄板模型,如图 4.13 所示。

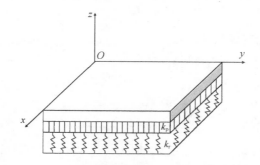

图 4.13　Pasternak 地基上的 Kirchhoff 薄板模型

　　Pasternak 地基上的 Kirchhoff 薄板在移动荷载 F 作用下将产生受迫振动,道面空间振动的微分方程为

$$D\nabla^2\nabla^2 z_r - k_p\nabla^2 z_r + k_r z_r + \rho h\frac{\partial^2 z_r}{\partial t^2} = F\delta(x-vt)\delta(y) \tag{4.7}$$

　　若进一步考虑地基线性阻尼,则可建立黏弹性 Pasternak 地基上的 Kirchhoff 薄板模型,该模型下道面空间振动的微分方程为

$$D\nabla^2\nabla^2 z_r - k_p\nabla^2 z_r + c_r\frac{\partial z_r}{\partial t} + k_r z_r + \rho h\frac{\partial^2 z_r}{\partial t^2} = F\delta(x-vt)\delta(y) \tag{4.8}$$

3. 水泥道面空间振动的双层板模型

　　民用机场刚性道面往往设置厚度较大、强度较高的半刚性基层,因此在水泥道面空间振动模型的基础上,可进一步考虑基层的支撑作用,建立基于双层板的水泥道面空间振动模型。根据板间是否设置夹层,可分为无夹层的双层板模型和有夹层的双层板模型。

1) 板间无夹层的水泥道面双层板模型

　　根据层间接触条件,板间无夹层的水泥道面双层板模型可分为分离式、结合式和半结合式三种情况[5]。

　　(1) 分离式水泥道面双层板模型。

　　分离式的水泥道面双层板模型假设层间竖向连续、水平向光滑。由于不考虑层间无摩擦力,上下两层板的中性面分别位于各自的中面,在外荷载作用下上下两层板分别绕各

自的中性面弯曲。分离式的水泥道面双层板
模型如图 4.14 所示。

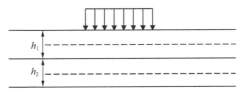

图 4.14 分离式的水泥道面双层板模型

在该模型中,水泥道面承载的总弯矩等于
上下两层板各自承载的弯矩之和,水泥道面的
总刚度等于上下两层板各自的刚度之和,见式
(4.9)。

$$M = M_1 + M_2 \tag{4.9(a)}$$

$$D = D_1 + D_2 \tag{4.9(b)}$$

(2) 结合式水泥道面双层板模型。

结合式的双层板模型假设层间竖向连续、
水平向无相对位移。因此,该模型实质上是上
下两层力学参数不同的单块板,上下两层板的
中性面相同,在外荷载作用下绕同一中性面弯
曲,中性面位置表达式见式(4.10)。结合式水
泥道面双层板模型如图 4.15 所示。

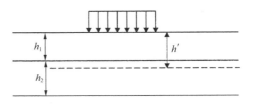

图 4.15 结合式的水泥道面双层板模型

$$h' = \frac{E_1 h_1^2 + E_2 h_2^2 + 2E_2 h_1 h_2}{2E_1 h_1 + 2E_2 h_2} \tag{4.10}$$

(3) 半结合式水泥道面双层板模型。

实际上,水泥道面面层和基层的接触条件是介于水平向光滑和水平向无相对位移之
间的,故半结合式的双层板更适合作为水泥道面模型。本模型可参考分离式和结合式双
层板的研究思路,将半结合式的双层板转化为刚度等效的单层板,以便进行水泥道面振动
分析。

2) 板间有夹层的水泥道面双层板模型

(1) 仅传递竖向力的水泥道面双层板模型。

在面层和基层之间设置夹层。该夹层由一系列相互独立的竖向弹簧组成,或由一系
列相互独立的竖向弹簧+阻尼元件组成,夹层可传递面层和基层之间的竖向力,如图
4.16 所示。

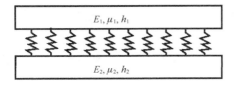

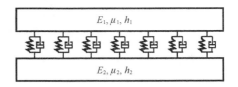

(a) 由弹簧组成的夹层　　　　　　　　(b) 由竖向弹簧+阻尼元件组成的夹层

图 4.16 仅传递竖向力的水泥道面双层板模型

对于由弹簧组成的夹层,其传递的竖向力 p_v 见式(4.11)所示,对于由竖向弹簧+阻

尼元件组成的夹层,其传递的竖向力 p_v 如式(4.11)所列。

$$p_v = k_v(z_{r1} - z_{r2}) \tag{4.11(a)}$$

$$p_v = k_v(z_{r1} - z_{r2}) + c_v\left(\frac{\partial z_{r1}}{\partial t} - \frac{\partial z_{r2}}{\partial t}\right) \tag{4.11(b)}$$

式中,z_{r1}、z_{r2} 分别为上下两层板的振动位移;k_v、c_v 分别为夹层的竖向刚度和阻尼。

(2) 同时传递竖向力和水平力的水泥道面双层板模型。

在面层和基层之间设置双向弹性夹层,该夹层符合古德曼(Goodman)假设,可传递面层和基层之间的竖向力和水平剪力[6],如图 4.17 所示。

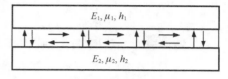

图 4.17　同时传递竖向力和水平力的水泥道面双层板模型

双向弹性夹层传递的竖向力 p_v 如式[4.12(a)]所列,传递的水平剪力 p_u 见式[4.12(b)]。

$$p_v = k_{v1}(z_{r1} - z_{r2}) \tag{4.12(a)}$$

$$p_u = k_{u1}(u_{r2} - u_{r1} + h_{b1}z'_{r1} + h_{t2}z'_{r2}) \tag{4.12(b)}$$

式中,k_{v1}、k_{u1} 分别为夹层竖向和水平向的反应模量;u_{r1}、u_{r2} 分别为上下两层板的平均水平位移;h_{b1} 为上层板中性面到板底的距离;h_{t2} 为下层板中性面到板顶的距离。

4.2.2　沥青道面振动模型

沥青道面是典型的三维多层结构,主要采用弹性层状体系理论建立其振动模型,如图 4.18 所示。基于弹性层状体系理论的基本假设,可推导表征该模型的动力学平衡方程、几何方程和物理方程,以建立沥青道面的三维振动模型[7]。

1. 基本假设

建立沥青道面三维振动模型的基本假设如下:

(1) 各个结构层的材料均满足均质、各向同性和弹性的特征。

(2) 除最下面的地基在深度方向和水平方向均为无限大外,其上各层均厚度有限,水平方向无限大。

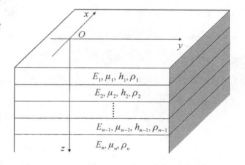

图 4.18　沥青道面的三维振动模型

(3) 在无限深处和无穷远处的应力、应变和位移等于 0。

(4) 层间接触状态为连续接触。

(5) 各个结构层满足小变形假设。

2. 沥青道面振动模型的动力学平衡方程

根据达朗贝尔原理,在空间直角坐标系下,推导沥青道面的动力学平衡方程,表示为

$$\left.\begin{array}{l}\dfrac{\partial \sigma_x}{\partial x}+\dfrac{\partial \tau_{xy}}{\partial y}+\dfrac{\partial \tau_{xz}}{\partial z}=\rho\,\dfrac{\partial u^2}{\partial t^2}\\[2mm]\dfrac{\partial \tau_{xy}}{\partial x}+\dfrac{\partial \sigma_y}{\partial y}+\dfrac{\partial \tau_{yz}}{\partial z}=\rho\,\dfrac{\partial v^2}{\partial t^2}\\[2mm]\dfrac{\partial \tau_{xz}}{\partial x}+\dfrac{\partial \tau_{yz}}{\partial y}+\dfrac{\partial \sigma_z}{\partial z}=\rho\,\dfrac{\partial w^2}{\partial t^2}\end{array}\right\}\tag{4.13}$$

式中，u，v，w 分别为沿 x，y，z 方向的位移；σ_x，σ_y，σ_z 分别为沿 x，y，z 轴方向的正应力；τ_{xy}，τ_{xz}，τ_{yz} 为剪应力。以上 9 个物理量均随空间坐标 (x,y,z) 和时间 t 而变化。

3. 沥青道面振动模型的几何方程

基于弹性力学理论，根据位移分量与应变分量之间的关系，推导沥青道面的几何方程，如式(4.14)所列

$$\left.\begin{array}{l}\varepsilon_x=\dfrac{\partial u}{\partial x}\\[2mm]\varepsilon_y=\dfrac{\partial v}{\partial y}\\[2mm]\varepsilon_z=\dfrac{\partial w}{\partial z}\\[2mm]\gamma_{xy}=\dfrac{\partial u}{\partial y}+\dfrac{\partial v}{\partial x}\\[2mm]\gamma_{xz}=\dfrac{\partial u}{\partial z}+\dfrac{\partial w}{\partial x}\\[2mm]\gamma_{yz}=\dfrac{\partial v}{\partial z}+\dfrac{\partial w}{\partial y}\end{array}\right\}\tag{4.14}$$

式中，ε_x，ε_y，ε_z 分别为沿 x，y，z 轴方向的正应变；γ_{xy}，γ_{xz}，γ_{yz} 为角应变；以上 6 个物理量均随空间坐标 (x,y,z) 和时间 t 而变化。

4. 沥青道面振动模型的物理方程

基于广义的胡克定律，根据应变分量与应力分量之间的关系，推导沥青道面的物理方程，见式(4.15)。

$$\left.\begin{array}{l}\varepsilon_x=\dfrac{1}{E}\left[\sigma_x-\mu(\sigma_y+\sigma_z)\right]\\[2mm]\varepsilon_y=\dfrac{1}{E}\left[\sigma_y-\mu(\sigma_x+\sigma_z)\right]\\[2mm]\varepsilon_z=\dfrac{1}{E}\left[\sigma_z-\mu(\sigma_x+\sigma_y)\right]\\[2mm]\gamma_{xy}=\dfrac{E}{2(1+\mu)}\tau_{xy}\\[2mm]\gamma_{xz}=\dfrac{E}{2(1+\mu)}\tau_{xz}\\[2mm]\gamma_{yz}=\dfrac{E}{2(1+\mu)}\tau_{yz}\end{array}\right\}\tag{4.15}$$

4.2.3　滑行道桥振动模型

梁式滑行道桥的振动模型可采用简化的 Euler-Bernoulli 梁或 Timoshenko 梁,本节以 Euler-Bernoulli 梁为例,建立滑行道桥的振动模型,如图 4.19 所示。在移动荷载 F 作用下滑行道桥将产生受迫振动,其振动微分方程见式(4.16),根据边界条件的不同可用于简支梁和连续梁等梁式桥的振动分析。

$$EI\frac{\partial^4 z_r}{\partial x^4} + m_r\frac{\partial^2 z_r}{\partial t^2} = F\delta(x - vt) \tag{4.16}$$

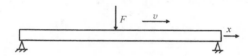

图 4.19　梁式滑行道桥的振动模型

4.3　跑道振动模型求解方法

4.3.1　有限元法

有限元法将跑道结构离散为有限个单元,考虑各单元的性质建立单元的质量、刚度、阻尼和载荷矩阵,并推导单元的运动方程。在此基础上,再叠加各单元的质量、刚度和阻尼和荷载矩阵,得到整个离散系统的运动方程,进而通过特征方程求得频率、振型以及动力响应。

将跑道道面视为空间梁单元,依据有限元原理进行离散,设地基为 Kelvin 地基,道面为 Euler-Bernoulli 梁,则在飞机荷载作用下道面振动方程为

$$\boldsymbol{M}_L\{\ddot{u}\} + \boldsymbol{C}_L\dot{u} + (\boldsymbol{K}_L + \boldsymbol{K}_s)\{u\} = \{F\}_L \tag{4.17}$$

式中,$\boldsymbol{M}_L$,$\boldsymbol{C}_L$,$\boldsymbol{K}_L$,$\boldsymbol{K}_s$ 分别为地基梁集成的总质量、阻尼、刚度矩阵和弹性地基刚度矩阵;$\{F\}_L$ 为飞机作用在道面上的荷载向量。

为方便计算,通常将阻尼矩阵视为质量矩阵和刚度矩阵的线性组合,称为瑞利阻尼,即 $\boldsymbol{C}_L = \alpha\boldsymbol{M}_L + \beta\boldsymbol{K}_L$,$\alpha$、$\beta$ 为两个常数。

而飞机机轮与道面接触时道面的位移和速度可用机轮所在的道面梁单元的位移和速度向量表示为

$$
\left.\begin{aligned}
y_{\omega i} &= [N][u_{\mathrm{L}}] \\
\dot{y}_{\omega i} &= v\left[\frac{\partial N}{\partial x}\right][u_{\mathrm{L}}] + [N][\dot{u}_{\mathrm{L}}]
\end{aligned}\right\}
\tag{4.18}
$$

式中，$[u_{\mathrm{L}}]$，$[\dot{u}_{\mathrm{L}}]$ 分别为机轮所在道面梁单元的位移和速度向量；N 为道面梁单元的形函数，可采用三次插值函数；v 为飞机在道面上的滑跑速度。

4.3.2 模态叠加法

模态叠加法将跑道看作一个无阻尼系统，以跑道系统的振型作为空间基底，利用坐标变换解耦原系统动力学方程，并求解相互独立的方程得到模态位移，最后叠加各阶模态的贡献度计算系统响应。下面将跑道道面视为两端简支的有限长梁，介绍采用模态叠加法求解振动方程的步序。

依据假定已知边界条件和初始条件为

$$
\left.\begin{aligned}
y(x,\,t)\,\big|_{t=0} &= \frac{\partial y(x,t)}{\partial t}\bigg|_{t=0} = 0 \\
y_{\mathrm{r}}(0) = y_{\mathrm{r}}(L) &= \frac{\partial^2 y_{\mathrm{r}}(0)}{\partial x^2} = \frac{\partial^2 y_{\mathrm{r}}(L)}{\partial x^2} = 0
\end{aligned}\right\}
\tag{4.19}
$$

设道面主振动为

$$
y_{\mathrm{r}} = Y(x)a\sin(wt+\phi)
\tag{4.20}
$$

则带入道面无阻尼固有振动方程得频率方程为

$$
\frac{\partial^4 Y(x)}{\partial x^4} - \frac{m\omega^2 - K}{EI}Y(x) = 0
\tag{4.21}
$$

依据初始边界条件求解正则振型为

$$
y_i(x) = \sqrt{\frac{2}{ML}}\sin\frac{i\pi x}{L}
\tag{4.22}
$$

设道面垂向位移叠加解为

$$
y_{\mathrm{r}}(x,\,t) = \sum_{i=1}^{\infty} y_i(x)\eta_i(t)
\tag{4.23}
$$

求解道面位移响应解析解为

$$
\begin{aligned}
y_{\mathrm{r}}(x,\,t) &= \sum_{i=1}^{\infty}\frac{Y_i(x)}{w_{\mathrm{d}i}}\int_0^t F(\tau)Y_i\left(\frac{L}{2}+\nu\tau\right)\sin w_{\mathrm{d}i}(t-\tau)\,\mathrm{e}^{-\xi_i w_i(t-\tau)}\,\mathrm{d}\tau \\
&= \sum_{i=1}^{\infty}\frac{1}{w_{\mathrm{d}i}}\sqrt{\frac{2}{ML}}\sin\frac{i\pi x}{L}\int_0^t F(\tau)\sqrt{\frac{2}{ML}}\sin\left(\left(\frac{i\pi}{2}+\frac{i\pi\nu\tau}{L}\right)\sin w_{\mathrm{d}i}(t-\tau)\mathrm{e}^{-\xi_i w_i(t-\tau)}\,\mathrm{d}\tau\right.
\end{aligned}
\tag{4.24}
$$

4.4   基于 ABAQUS 的跑道动力学仿真

4.4.1   道面结构三维有限元模型构建

1. 道面结构模型

1）水泥道面

对于机场刚性道面,常使用的地基模型包括三种：Winkler 地基模型、弹性半空间体地基模型和 Pasternak 地基模型[8]。鉴于我国《民用机场水泥混凝土道面设计规范》(MH/T 5004—2010)中采用的是 Winkler 地基模型[1],且该地基假设应力计算精度较高,因此建立水泥道面有限元模型时建议采用 Winkler 地基模型。对于道面模型,可依据《民用机场水泥混凝土道面设计规范》(MH/T 5004—2010)采用单层板,或考虑基层的作用而采用双层板。最终,水泥道面结构有限元模型如图 4.20 所示。

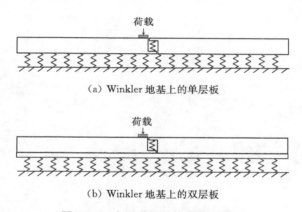

(a) Winkler 地基上的单层板

(b) Winkler 地基上的双层板

图 4.20   水泥道面结构有限元模型

2）沥青道面

我国《民用机场沥青道面设计规范》(MH/T 5010—2017)规定沥青道面结构的计算模型应简化为飞机荷载作用下的多层体系,其采用层间连续接触的弹性层状体系理论计算沥青道面结构力学响应[9],沥青道面结构有限元模型如图 4.21 所示。

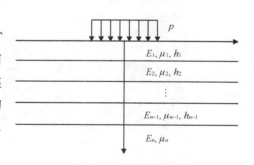

图 4.21   沥青道面结构有限元模型

2. 模型尺寸与边界条件

1）水泥道面

一般而言,除特殊区域的少量异形板,机场水泥道面是由形状规则的矩形水泥板构成,最常见的单块板体尺寸为 5.0 m×5.0 m。为了更好地考虑飞机多轮荷载叠加作用和接缝传荷作用,水泥道面模型采用9块水泥混凝土板进行模拟,具体如图4.22所示。

在飞机荷载作用下,道面结构中产生的位移主要是竖向位移,而水平向位移量很小。因此,分析中采用对面层施加侧面法向约束的位移边界条件,即模型在沿飞机滑行方向约束滑行方向上的水平位移,垂直于飞机滑行方向约束垂直于滑行方向的水平位移,厚度方向的地基采用 ABAQUS 接触功能模块中的 Elastic Foundation 进行模拟。

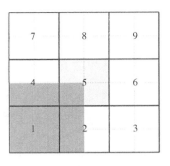

图 4.22　水泥道面 9 块板模型

2）沥青道面

道面在长度方向上可认为无限长,适用于大型飞机的跑道宽度也可达到 60 m,因此采用无限元技术来模拟道面的水平边界。无限元可以实现整体坐标中位移衰减到无限远处为 0 的边界条件,体现了真实边界条件对模型的影响。由于在三个方向上同时实现无限元存在一定难度,故而在竖直方向上没有采用无限元。相关研究指出,当地基深度取值大于 8 m 时,继续增大深度或采用无限元对结果影响不大,本书据此取地基深度 10 m,利用对称性取半沥青道面模型,见图 4.23(浅灰色为无限元部分),地基底面完全固定,对称面上施加对称约束。道面模型具体尺寸会随不同工况而有所变化,有限单元部分尺寸约为 10 m×10 m×5 m(深度×长度×宽度)。

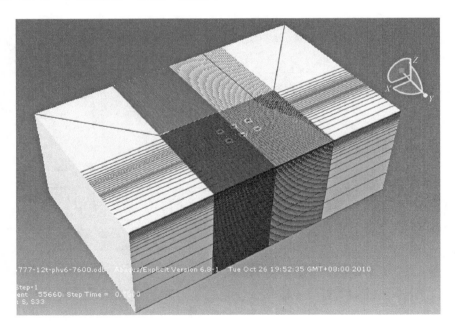

图 4.23　沥青道面 10 m×10 m×5 m 模型

3. 水泥道面接缝传荷模型

目前,利用有限元软件对接缝传荷的模拟主要有三种方式:虚拟材料、弹簧单元和实体传力杆。采用虚拟材料的方式虽然便于计算,设置方便,但是并不能很好地反映接缝本身的受力特征;采用弹簧单元模拟能够通过调整节点刚度的大小来模拟接缝刚度,能够较好地模拟接缝力学行为;当采用实体传力杆进行模拟时,并不能真实反映传力杆的受力特征,计算结果往往偏大。因此,可采用弹簧单元模拟传力杆或拉杆型接缝的传荷作用来进行模拟。第一,通过理论计算确定接缝刚度;第二,按照贡献面积法进行接缝刚度分配[10],具体见图 4.24 和式(4.25)—式(4.29)。

板角、板边和板中节点的刚度贡献面积为

$$
\left.
\begin{array}{l}
\text{板角:}A_{C}=ab \\
\text{板边:}A_{E}=2ab \\
\text{板中:}A_{I}=4ab
\end{array}
\right\}
\tag{4.25}
$$

板角、板边和板中节点的贡献面积之比为 $1:2:4$,相应地板角、板边和板中节点的分配刚度可分别设为 k, $2k$ 和 $4k$。

板角、板边和板中节点的数量为

$$
\left.
\begin{array}{l}
\text{板角:}N_{C}=4 \\
\text{板边:}N_{E}=2(N_{R}+N_{C}-4) \\
\text{板中:}N_{I}=(N_{R}-2)(N_{C}-2)
\end{array}
\right\}
\tag{4.26}
$$

板角、板边和板中节点的分配刚度与数量的乘积之和应等于接缝的总刚度,具体为

$$
k \cdot N_{C}+2k \cdot N_{E}+4k \cdot N_{I}=q\lambda
\tag{4.27}
$$

$$
k=\frac{q\lambda}{4(N_{R}-1)(N_{C}-1)}
\tag{4.28}
$$

式中,λ 为接缝长度;N_{R} 为板侧面节点的行数;N_{C} 为板侧面节点的列数。

连接板角、板边和板中节点的弹簧单元刚度为

$$
\left.
\begin{array}{l}
\text{板角:}k_{C}=\dfrac{q\lambda}{4(N_{R}-1)(N_{C}-1)} \\[3mm]
\text{板边:}k_{E}=\dfrac{q\lambda}{2(N_{R}-1)(N_{C}-1)} \\[3mm]
\text{板中:}k_{I}=\dfrac{q\lambda}{(N_{R}-1)(N_{C}-1)}
\end{array}
\right\}
\tag{4.29}
$$

● 板角弹簧节点　□ 板边弹簧节点　⬡ 板中弹簧节点

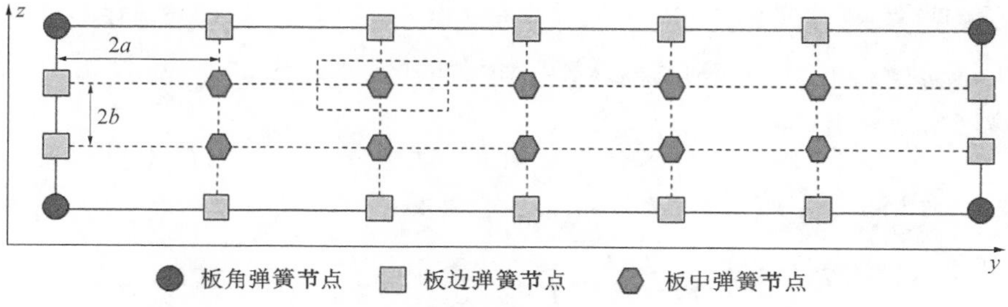

图 4.24　板侧面节点布置示意

4. 单元类型及网格划分

ABAQUS软件提供了多种单元类型,用户可根据实际需求进行选择。除此之外,网格划分也是影响计算精度的一项因素。单元的计算精度越高,网格划分则越细,有限元得到的结果会逐渐收敛,更为精确。与此同时,耗费的计算代价也会随之提高[11]。因此,需综合考虑计算精度与计算代价,选取合适的单元类型并进行合适的网格划分。

ABAQUS中主要的三维六面体单元的基本性质见表4.6所列,其中所有单元均可用于动态分析。三维实体单元主要可分为线性单元、二次单元、修正的二次单元。与按单元刚度矩阵所采用的数值积分方法不同,三维实体单元又可分为完全积分单元和减缩积分单元。

表 4.6　ABAQUS 三维实体单元的基本性质[12]

单元名称	单元类型	节点数	节点自由度	位移形函数	高斯积分点数目	存在问题
C3D8	线性等参单元完全积分	8	3 (u,v,w)	一阶	8	剪切自锁
C3D8R	线性等参单元减缩积分	8	3 (u,v,w)	一阶	8	沙漏
C3D8I	线性等参单元非协调模式	8	3 (u,v,w)	一阶	8	不适用于大扭曲变形
C3D20	二次等参单元完全积分	20	3 (u,v,w)	Serendipity 二阶	27	弯曲可能出现自锁
C3D20R	二次等参单元减缩积分	20	3 (u,v,w)	Serendipity 二阶	8	一般不会出现严重沙漏问题
C3D27	二次等参单元完全积分	21~27	3 (u,v,w)	拉格朗日二阶	27	弯曲可能出现自锁
C3D27R	二次等参单元减缩积分	21~27	3 (u,v,w)	拉格朗日二阶	14	一般不会出现严重沙漏问题

C3D8I单元为非协调单元,其目的是克服在线性完全积分单元中的剪切自锁问题,由于该单元类型可以用类似于一次单元的计算代价得到二次单元的计算精度,在计算模型不存在较大扭转变形的情况下比较适用[13]。因此,选取C3D8I单元为计算单元类型。

研究表明[14],网格密度应保证单元尺寸小于板厚的一半。为了平衡模型计算精度和计算代价,在满足该条件的基础上,荷载作用位置的网格划分更为细密,设为 0.1 m,而非加载区域网格划分相对较粗,设为 0.2 m。

4.4.2 飞机荷载模型与施加

1. 飞机荷载模型

飞机起落架机轮与道面接触的轮印随着飞机自重、轮胎类型和充气压力等因素呈现出不同的接触形状。为了便于计算与设计,许多道面设计方法采用了不同的假定,如圆形、椭圆形以及半圆与矩形的组合形等。中国民用机场沥青道面的设计规范、美国 FAA 的 CBR 法、美国统一设施标准(Unified Facilities Criteria,UFC)的弹性层状体系法均采用圆形轮印的假定,轮印面积计算公式为

$$A = \frac{P}{1\,000q}$$

$$d = 2\sqrt{\frac{1\,000P}{\pi q}} \tag{4.30}$$

式中,A 为飞机单轮轮印面积;d 为轮印直径;q 为飞机主起落架轮胎压力,可取轮胎充气压力;P 为各机型主起落架上的单轮轮载。

中国、美国、加拿大等民用机场水泥混凝土道面设计规范将轮印假定为矩形和半圆的组合轮印,形状如图 4.25 所示。假设轮印长 L,宽 $0.6L$,根据等效面积法[式(4.31)],可计算出 L。

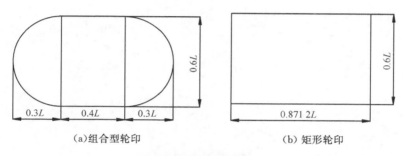

（a)组合型轮印　　　　　　　　（b)矩形轮印

图 4.25　轮印假定示意

$$A = \pi(0.3L)^2 + 0.4L \times 0.6L = 0.522\,7L^2 \\ L = \sqrt{\frac{A}{0.522\,7}} \tag{4.31}$$

有限元软件分析中组合形和圆形在网格划分时效果较差,一般情况将轮印假定为矩形。矩形轮印的长度 a 与宽度 b 也采用等效面积法进行计算,见式(4.32)。

$$a = 0.871\,2L \\ b = 0.6L \tag{4.32}$$

实际上,飞机轮印面积下对道面产生的是不均匀接触应力[15],但均匀分布假设和非均匀分布假设下的计算结果相差甚小,均匀分布假设下获得的板底弯拉应力峰值均大于非均匀分布假设下的计算结果[16]。若采用均匀分布假设进行设计更为安全,故采用矩形均匀分布荷载模拟飞机主起落架机轮对道面作用的荷载。

图 4.26 分别为 B737,B757 和 B777 机型的飞机主起落架构型图。根据荷载模型中采取的矩形轮印公式,计算三种典型机型的荷载参数与轮印长宽。有研究表明[16,17],当

飞机接地荷载一定时,接地面积的轮印长宽比对道基道面结构响应的影响较小,建模过程中可根据网格划分的需要,适当调整轮印的长宽比。故根据网格划分与计算需要,将轮印长均设为 0.5 m,修正后的荷载参数见表 4.7。

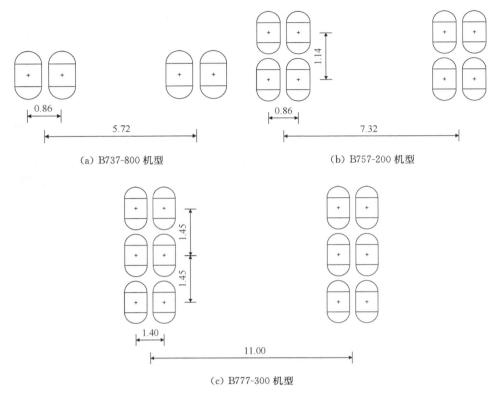

(a) B737-800 机型   (b) B757-200 机型

(c) B777-300 机型

图 4.26　飞机主起落架构型(单位: m)

表 4.7　飞机轮印面积修正参数

机型	最大起飞质量 /kN	主起落架荷载分配系数	主起落架个数 n_c	轮数	主起落架单轮荷载 /kN	胎压 /MPa	轮印面积 /m²	长 /m	宽 /m	修正 长/m	修正 宽/m
B737-800	790.60	0.95	2	2	188.24	1.47	0.128	0.431	0.297	0.5	0.256
B757-200	1 156.5	0.95	2	4	137.87	1.21	0.114	0.407	0.280	0.5	0.228
B777-300	2 993.7	0.948	2	6	237.22	1.48	0.160	0.482	0.332	0.5	0.320

2. 飞机荷载施加

飞机荷载是移动荷载。在 ABAQUS 中施加移动的水平荷载和竖向荷载,可分别利用 Fortran 语言编写 DLOAD 和 UTRACLOAD 子程序来实现。具体实现方法如下:首先,调用内部坐标函数 COORDS(∗)对不同单元施加大小相等/不等的竖向接触应力;其次,利用内部时间函数 Time(∗)来实现荷载的移动,并利用 Time 函数与设定的行车速度的乘积实现加载步长的控制。最后,采用 If 语句判断不同的加载区域,以数组形式施加变化的随机荷载。

子程序中需要定义的参数包括:荷载初始坐标、荷载初始速度、轮印长度和接触应力大小。根据初始坐标值、初始速度和加载的时间,按照运动学的基本方程[式(4.33)]便可实现匀速和变速移动荷载的模拟。

$$S = v_0 t + \frac{1}{2} a t^2 \tag{4.33}$$

式中,S 为移动的距离;v_0 为初始速度;a 为加速度;t 为加载时间。

此外,必须选定合理的增量步步长,增量步过大则计算不准确且会带来收敛问题;增量步过小则导致计算工作量巨大,计算代价显著提高。

4.4.3　仿真结果自动提取

目前,在 ABAQUS 中实现仿真结果数据自动提取有两种常见方法:第一种方法为在 ABAQUS 的 PDE 模块中对所有计算结果文件(odb 文件)进行循环访问,提取 6 个应力分量,但该方法存在两个明显的弊端。首先,由于该方法是在有限元计算完成之后,再对计算结果文件进行二次计算处理,时间代价高。其次,当进行有限元计算时,计算的是积分点处的应力,为了得到节点的应力还需要进行二次转化。

第二种方法为在生成有限元模型输入文件(input 文件)时,提前在需要输入的文件中加入将要计算的结果,并写入数据结果文件(dat 文件)的语句,从而在数据结果文件中按顺序写入节点,集中所有节点的应力数据,即 6 个应力分量。该方法可以避免第一种方法的两个弊端。一方面,dat 文件是在计算完成时,伴随 odb 文件直接生成的计算结果之一,无需对计算结果再次提交 PDE 模块二次计算,省去了大量的计算时间。另一方面,该语句直接提取节点的应力结果,不需要再进行二次转化。因此,选择第二种方法能较快速实现计算数据的自动提取。S11,S22,S33,S12,S13 和 S23 分别为每个节点计算结果的 6 个应力分量。

Python 是目前广泛使用的编程语言,也是 ABAQUS 使用的内核语言。可编写 Python 脚本对 dat 文件中的应力结果数据进行提取,并按照一定的规则存入数据库中,便于后续调用。

4.5　跑道振动响应分析结果

4.5.1　飞机滑跑状态下的跑道动力响应

本节综合考虑速度、道面平整度和阻尼三者耦合作用下的跑道结构响应规律,重点分析道面不平整的激励作用。

1. 应用场景

跑道采用 Winkler 地基上的双层板模型,结构形式为厚 42 cm 的面层＋厚 40 cm 的基层,道面板平面尺寸为 5 m×5 m。跑道结构参数为面层模量 42 GPa,基层模量 6 GPa,土基顶面反应模量 124 MN/m³。层间假定为完全连续,阻尼比分别取为 0.02,0.05,0.10 和 0.15。

选用 A320 主起落架、A330 主起落架和 A380 机腹主起落架,飞机静载质量取最大起飞质量,滑行路径沿道面板中心线。跑道平整度等级为 A 或 B,采用第 3 章所述方法确定飞机动载系数。

2. 跑道动力响应分析

由于板底最大弯拉应力并非恰好出现在横缝处,而是距横缝有一定距离,分析取轮迹带下方距横缝 20 cm 处的点,当 3 种起落架以 5 m/s 速度滑过道面时,该点的应力响应时程曲线如图 4.27 所示[18],跑道平整度等级为 A,道面阻尼比为 0.05。由图 4.27 可知:一次通行过程中的波峰数量与起落架轴数相同;对于 A330 起落架而言,最大值出现在第二个波峰处;对于 A380 六轮起落架而言,最大值也出现在第二个波峰处,这是板块尺寸和起落架构型综合作用的结果。下面将以 A380 三轴双轮起落架为例,分析速度、道面阻尼和道面平整度对板底弯拉应力的影响。

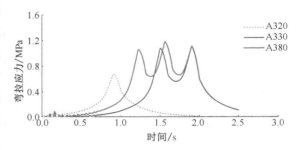

图 4.27 不同起落架作用下的典型响应时程曲线

A380 以 5 m/s 速度在不同平整度等级跑道上滑行时,分析点位的板底弯拉应力如图 4.28 所示。由图 4.28 可知:随着道面阻尼的增大,板底弯拉应力最大值均呈现逐渐减小的趋势,但减小幅度不足 1.8%;道面不平整度的激励作用对于板底弯拉应力的影响非常显著,B 等级跑道平整度状况下较 A 等级增幅约为 3.0%。

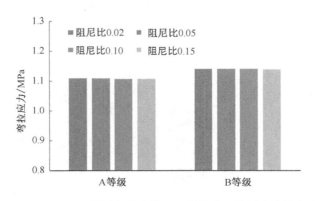

图 4.28 A380 以 5 m/s 滑行速度的不平整跑道下的板底弯拉应力峰值

鉴于高速滑跑状况下道面的激励作用更为明显,因此,其对板底弯拉应力的影响也更为显著。50 m/s 的滑行速度下分析点位板底弯拉应力最大值如图 4.29 所示。分析发现,随着滑跑速度的增大,道面阻尼变化对板底弯拉应力最大值的影响愈加显著,在阻尼比由 0.02 增大至 0.15 过程中,板底弯拉应力最大值减小了约 4%。进一步分析图 4.29 可知:高速滑跑状态下,B 等级道面的板底弯拉应力较 A 等级增幅约为 6%,与低速滑跑状态下相比,道面的激振效果更为明显。

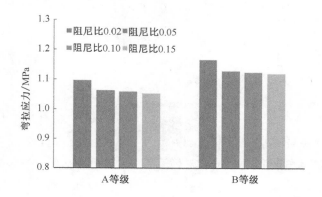

图 4.29 A380 以 50 m/s 滑行速度的不平整跑道下的板底弯拉应力峰值

从同一平整度等级不同滑跑速度下响应峰值的比较结果来看,A 等级道面由于平整度状况较好,道面激励作用不显著,故在升力的作用下,高速滑跑的荷载更小,板底弯拉应力也更小。然而,B 等级道面由于平整度状况较差,道面激励作用显著,高速滑跑状态下的动载系数更大,板底弯拉应力也更大。因此,在平整度状况较好的条件下,低速滑跑状态更为不利,但随着道面平整度状况的恶化,高速滑跑状态变得更为不利。

4.5.2 多轮叠加效应对跑道动力响应的影响

多轮叠加效应是指在复杂起落架作用下,由于轮胎数量的增多导致道面应力、应变或位移较单轮荷载作用下增大或减小的现象,其考察指标与道面损坏模式直接相关。对于沥青道面而言,一般重点考察层底弯拉应变(力)、表面弯沉和土基顶面的压应变;对于水泥混凝土道面而言,鉴于目前机场刚性道面设计以面层底部弯拉疲劳开裂作为控制指标,本节选择板底弯拉应力作为考察指标[18]。此外,复杂起落架一次通行过程中,道面结构响应的多峰值性也会被纳入本节考察范围中。

1. 应用场景

鉴于单层板模型获得的响应时程曲线与实测曲线形态一致性更优,更适合分析飞机复杂起落架作用下的多轮叠加效应,因此,本节选用 Winkler 地基上的单层板模型。面层厚度取 42 cm,面层模量取 37 GPa,基层顶面反应模量取 80 MN/m³,接缝刚度为 150 MN/m²。

2. 机轮数量的影响

为分析主起落架机轮数量对跑道结构响应的影响,取图 4.30 所示的四种工况。对于

A320 主起落架,仅分析工况 1 和工况 2;对于 A330 主起落架,需分析工况 1—工况 3;对于 A380 六轮主起落架,则需分析工况 1—工况 4。在加载过程中,飞机主起落架沿板块中心线行驶,速度为 5 m/s。

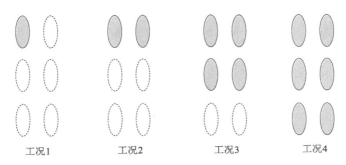

图 4.30 不同工况下的机轮数量

分析点位仍然取轮迹带下距横缝 20 cm 的点,该点处弯拉应力沿横向的分布如图 4.31所示。分析图 4.31 可知:A320 在双轮荷载作用下,板底弯拉应力峰值较单轮荷载作用下有所增大;但 A330 和 A380 在双轮荷载作用下,板底弯拉应力峰值较单轮荷载作用下反而有所减小,减小幅度分别为 7% 和 10%,这是由于双轮荷载作用下正负弯矩产生了叠加,且六轮起落架轮距最大,正负叠加效果更明显。

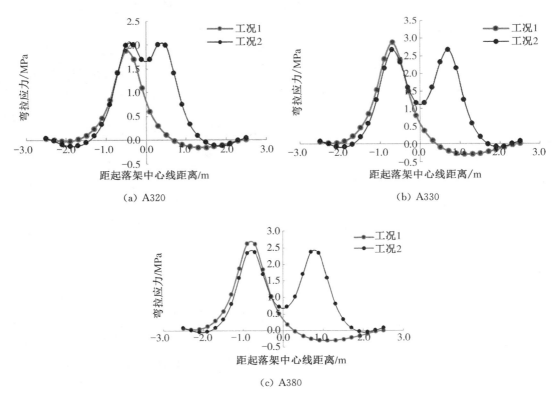

图 4.31 板底弯拉应力沿横缝的分布

不同工况下,分析点位的板底弯拉应力响应时程曲线如图 4.32 所示,各工况下板底弯拉应力的最大值汇总见表 4.8。综合图 4.32 和表 4.8 可知:随着轴数的增加,板底弯拉应力响应最大值逐渐增大,A330 四轮起落架作用下较单轴工况下增幅达到了 18%,而 A380 六轮起落架作用下较单轴工况下的增幅达到了 29%。

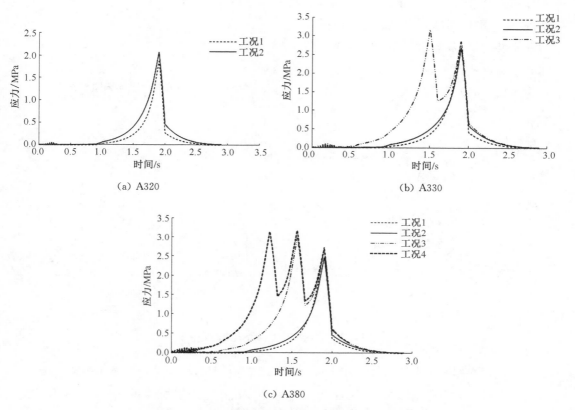

图 4.32 不同机轮数量下板底弯拉应力响应时程曲线

表 4.8 不同机轮数量下板底弯拉应力最大值汇总

工况	A320		A330		A380	
	应力/MPa	比值*	应力/MPa	比值*	应力/MPa	比值*
工况 1	1.88	1.00	2.88	1.00	2.74	1.00
工况 2	2.00	1.06	2.68	0.93	2.47	0.90
工况 3	/	/	3.18	1.10	2.99	1.09
工况 4	/	/	/	/	3.19	1.16

注:* 与工况 1 应力计算峰值的比。

3. 轴距的影响

为进一步明确轴距对多轮叠加效果的影响,取图 4.33 中 Δm 分别等于 ± 0.2 m 和

±0.4 m，其中向上移动为负，向下移动
为正。

在 A330 和 A380 作用下，将 Δm 取
±0.4 m 时轮迹带下横缝板底弯拉应力响应
时程曲线绘于图 4.34。由图 4.34 可知：轴
距越小，荷载作用越集中，加载频率越高，应
力峰值也越大；随着轴距的增大，轴与轴之
间的影响逐渐减弱，波峰与波谷的差值（即
图 4.35 中 ΔA）逐渐增大。

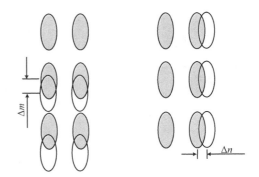

图 4.33　不同工况下的轴距和轮距

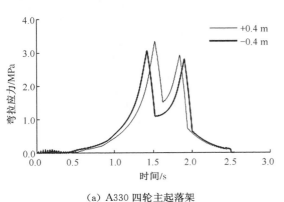

(a) A330 四轮主起落架

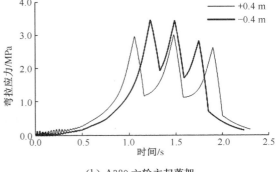

(b) A380 六轮主起落架

图 4.34　不同轴距下的应力响应时程曲线

加载频率的大小主要与轴距和飞机行驶速度有关，而 ΔA 则主要取决于轴距的大小。
室内小梁试件的疲劳试验结果表明：计算应力小于混凝土弯拉强度的 75% 时，反复应力

施加的频率对混凝土疲劳的影响很小，但
混凝土的疲劳与反复施加荷载的高低应力
比密切相关[19]。考虑到水泥混凝土板底
弯拉应力峰值一般小于 $4.5 \times 0.75 =$
3.375 MPa，因此本节重点关注轴距变化
对高低应力比（R）的影响，R 的定义见
式（4.34）。

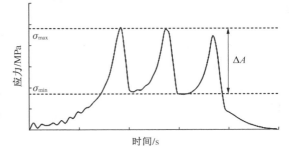

图 4.35　一次通行过程中的波峰和波谷

$$R = \frac{\sigma_{\min}}{\sigma_{\max}} \qquad (4.34)$$

式中，$\sigma_{\max}$，$\sigma_{\min}$ 分别为图 4.35 中应力响应时程曲线的波峰和波谷。

通过大量不同低应力水平下的疲劳试验，获得了考虑反复应力变化幅值的疲劳方
程[20]，见式（4.35），失效概率为 5% 时，α 值为 0.942 5。

$$\frac{\sigma_{\max}}{f_r} = \alpha - 0.072\,4(1-R)\lg N_f \qquad (4.35)$$

式中，f_r 为混凝土弯拉强度；α 为由试验确定的系数；N_f 为容许作用次数。

将不同轴距条件下的应力最大值和 R 值计算结果汇总于表 4.9，通过分析可知：轴距增大，最大弯拉应力和 R 值均逐渐减小；从减小的幅度来看，在三轴双轮起落架作用下 R 值受轴距的影响更为显著，Δm 分别取 ±0.4 m 时三轴双轮起落架 R 值减小了 26%，而双轴双轮起落架减小了 20%；随着 R 值和最大弯拉应力的减小，三轴双轮起落架作用下最大容许作用次数逐渐增大，而双轴双轮起落架作用下表现出一定的波动性。

表 4.9 不同轴距条件下计算结果汇总

Δm	A330			A380		
	$\sigma_{\max}$/MPa	R 值	$\lg N_f$	$\sigma_{\max}$/MPa	R 值	$\lg N_f$
$-0.4L$	3.34	0.45	6.93	3.45	0.50	6.92
$-0.2L$	3.25	0.42	7.02	3.30	0.46	7.23
0	3.18	0.40	7.05	3.19	0.43	7.33
$0.2L$	3.11	0.38	7.10	3.09	0.40	7.45
$0.4L$	3.06	0.36	7.09	3.00	0.37	7.55

不考虑 R 值的影响（R 取为 0），A330 四轮起落架和 A380 六轮起落架的容许作用次数分别为 $10^{4.23}$，$10^{4.21}$，较考虑 R 值时的计算结果小三个数量级。从图 4.34 中的加载时程曲线可知，实际飞机荷载作用应该介于考虑 R 值和不考虑 R 值之间，R 值取为 0 是较为保守的。此外，R 值的影响还与道面响应的应力水平密切相关。

对于复杂起落架而言，一次通行过程中会产生多个应力峰值，目前 FAA 采用"纵向覆盖率"来表征多峰值效应，以前后双轴为例，轴距小于 1.83 m 时纵向覆盖率取 1（计作一次覆盖），轴距大于 1.83 m 时纵向覆盖率取 0.5（计作两次覆盖）。理论上，利用上文的方法可以明确复杂起落架一次通行过程中对道面造成的损伤，这也是动力分析较静力分析的一个优势。然而，室内试验得到的疲劳方程更多反映的是材料特性，室内试验条件也同水泥混凝土道面的野外实际工作状况有较大出入，因此还需结合足尺加速加载测试和道面实际使用情况对疲劳方程进行修正，建立结构力学响应量和道面长期服务性能的相关关系。

4. 轮距的影响

为明确轮距对多轮叠加效果的影响，图 4.33 中 Δn 分别等于 ±0.2 和 ±0.4 m，其中向左移动为负向右移动为正。A320 主起落架不同轮距条件下的板底应力峰值计算结果见图 4.36，通过分析可知：随着轮距的增大，峰值应力逐渐减小，较标准轮距下的变化幅度在 −10%～36% 之间。进一步分析图 4.37 可知：当轮距较小时，两个机轮产生的正弯矩相互叠加，峰值应力显著增大；随着轮距的增加，弯矩的叠加效果发生变化，产生了正负弯矩叠加,峰值应力随之减小。

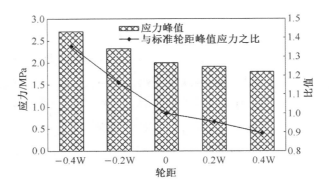

图 4.36　A320 不同轮距下的应力峰值

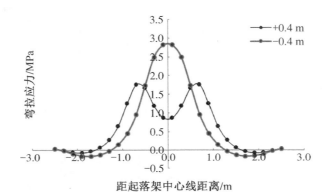

图 4.37　A320 作用下板底弯拉应力沿横缝的分布

在各起落架作用下,不同轮距对应的板底弯拉应力最大值计算结果汇总见表 4.10。由表 4.10 可知:对于不同起落架构型,轮距变化对板底应力峰值的影响规律一致,当轮距小于标准轮距时,板底弯拉应力最大值与标准轮距下应力最大值的比均大于 1,而当轮距大于标准轮距时,板底弯拉应力最大值与标准轮距下应力最大值的比均小于 1。

表 4.10　不同轮距条件下板底弯拉应力最大值汇总

Δn	A320		A330		A380	
	应力/MPa	比值[*]	应力/MPa	比值[*]	应力/MPa	比值[*]
−0.4 W	2.71	1.36	3.63	1.14	3.59	1.13
−0.2 W	2.32	1.16	3.37	1.06	3.36	1.05
0	2.00	1.00	3.18	1.00	3.19	1.00
0.2 W	1.91	0.96	3.03	0.95	3.04	0.95
0.4 W	1.79	0.90	2.92	0.92	2.93	0.92

注:[*] 与标准轮距下应力计算峰值的比。

4.5.3 层间接触效应对跑道动力响应的影响

1. 应用场景

为明确层间接触状况对跑道结构响应的影响,本节层间选取无摩擦、摩擦系数为1、摩擦系数为10和完全连续四种状态进行分析,道面结构形式、模型参数与第4.5.1节一致,荷载选用A320主起落架、A330主起落架和A380机腹主起落架,起落架沿板块中心线行驶,速度为5 m/s。

2. 跑道动力响应分析

本节分析将重点考察层间接触状况对板底弯拉应力 σ_s 的影响[18],以A320单轴双轮主起落架为例,结果绘于图4.38,图中 Ⅰ,Ⅱ,Ⅲ 和Ⅳ分别对应层间完全连续、摩擦系数为10,摩擦系数为1和无摩擦四种状态。由图4.38可知:板底弯拉应力随层间结合状况的减弱而逐渐增大,增幅达到了1倍以上;从增加幅度来看,板边和板中增幅分别为108%和120%,二者基本一致。

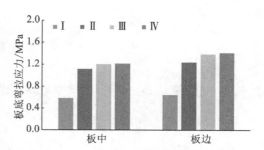

图4.38 A320作用下板底弯拉应力随层间接触状况的变化

将不同起落架作用下板底弯拉应力随层间接触状况的变化绘于图4.39,通过分析可知:在不同构型起落架作用下,各荷位板底弯拉应力与随层间接触状况的变化趋势一致,随着层间接触状况的减弱,板底弯拉应力逐渐增大,且增幅与起落架构型有关。随着起落架轴数的增加,荷载分布范围增大,层间摩擦系数对板底弯拉应力的影响也更为显著。

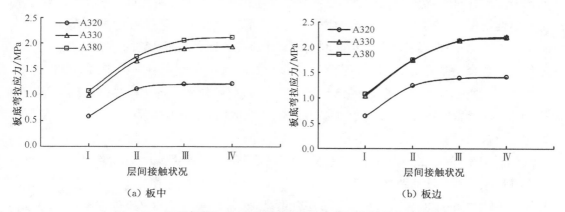

图4.39 不同起落架作用下板底弯拉应力随层间接触状况的变化

为进一步明确摩擦系数变化对板底弯拉应力的影响,以A320单轴双轮主起落架为例,分别取摩擦系数为1,10,25,50,75和100,将板底弯拉应力随摩擦系数的变化绘于图4.40,由图4.40可知:随着摩擦系数的增大,最大弯拉应力逐渐减小并趋近于层间完全连续状态下的计算结果;不同荷位板底弯拉应力随摩擦系数的变化规律一致,影响程度相近。

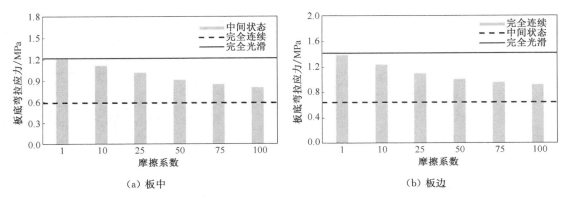

图 4.40 A320 作用下板底弯拉应力随层间摩擦系数的变化

4.5.4 道面结构参数和起落架构型对跑道接缝传荷效应的影响

1. 道面结构参数的影响

本节主要分析道面结构参数变化对应力接缝传荷系数的影响,面层结构形式与第4.5.1节一致,荷载选用 A380 主起落架单轮荷载,荷载沿板块中心线行驶,考虑到低速状态下的荷载更大,速度统一取为 5 m/s。应力接缝传荷系数通过荷载作用于横缝板边时受荷板和非受荷板的板底弯拉应力峰值计算获得[18],不同道面结构参数下接缝传荷系数的计算结果如表 4.11 所列。

分析工况 1—工况 4 可知:层间完全连续状态下的应力接缝传荷系数高达 0.49,这主要是由于层间假定完全绑定,基层产生连续变形,提供了极强的传荷能力;然而,实际道面面层-基层之间普遍会铺设土工膜,层间介于完全绑定和完全光滑之间,故工况 1 所示情况并不会出现;随着层间摩擦系数的增大,接缝传荷系数整体呈逐渐增大的状态。

分析工况 4—工况 8 可知:接缝刚度的变化对应力接缝传荷系数的影响显著,应力接缝传荷系数会随接缝刚度的增大而增大;当接缝刚度为 0 时,计算获得的应力接缝传荷系数也为 0。然而,实际道面板必然受到重力的作用,荷载作用下基层产生连续的变形,受荷板与基层紧密接触,而非受荷板与基层分离,产生脱空,在重力荷载的作用下产生变形,即非受荷板的板底弯拉应力并不等于 0。

分析工况 4 和工况 9—工况 12 可知:无基层条件下计算获得的应力接缝传荷系数小于有基层条件下的计算结果;在有基层条件下,随着基层厚度的增大,应力接缝传荷系数总体呈现略微减小的趋势,这是由于基层强度增加,荷载作用下两侧挠度差减小,接缝发挥的传荷作用减小。

分析工况 4 和工况 13—工况 16 可知:随着基层模量的增加,应力接缝传荷系数总体呈现略微减小的趋势,造成该现象的原因如上所述。

分析工况 17—工况 20 可知:土基顶面反应模量越大,应力接缝传荷系数越小,而且其影响较基层厚度和模量更为显著。分析认为,道面弯沉主要受基层顶面反应模量的影响,随着土基顶面反应模量的增大,道面弯沉迅速减小,相邻板的挠度差减小,接缝传荷系数也相应减小。

表 4.11 不同道面结构参数下的应力接缝传荷系数

道面结构参数	土基反应模量/(MN·m⁻³)	基层模量/GPa	基层厚度/cm	层间接触状况	接缝刚度/(MN·m⁻²)	应力接缝传荷系数
工况 1	124	6	40	完全连续	1 500	0.490
工况 2	124	6	40	μ=10	1 500	0.299
工况 3	124	6	40	μ=1	1 500	0.289
工况 4	124	6	40	完全光滑	1 500	0.287
工况 5	124	6	40	完全光滑	0	0.000
工况 6	124	6	40	完全光滑	500	0.222
工况 7	124	6	40	完全光滑	1 000	0.264
工况 8	124	6	40	完全光滑	2 000	0.303
工况 9	124	6	0	完全光滑	1 500	0.275
工况 10	124	6	30	完全光滑	1 500	0.289
工况 11	124	6	35	完全光滑	1 500	0.286
工况 12	124	6	45	完全光滑	1 500	0.284
工况 13	124	2	40	完全光滑	1 500	0.290
工况 14	124	4	40	完全光滑	1 500	0.288
工况 15	124	8	40	完全光滑	1 500	0.285
工况 16	124	10	40	完全光滑	1 500	0.285
工况 17	40	6	40	完全光滑	1 500	0.308
工况 18	80	6	40	完全光滑	1 500	0.297
工况 19	120	6	40	完全光滑	1 500	0.287
工况 20	160	6	40	完全光滑	1 500	0.282

2. 起落架构型的影响

上一小节对单轮荷载作用下的接缝传荷行为进行了分析,然而,实际运营中的道面会受到不同起落架构型荷载的作用,必然引发接缝动力传荷行为的差异。因此,本节分析选用 A320 主起落架、A330 主起落架和 A380 机腹主起落架三种不同的起落架构型,道面结构形式及参数与上一小节工况 4 一致。同时为了考察荷载大小对接缝传荷系数的影响,取起飞飞机和降落飞机对应的两种典型质量,其中起飞飞机取最大起飞质量,降落飞机取最大起飞质量的 65%。

不同构型起落架作用下的应力接缝传荷系数如图 4.41 所示,由图 4.41 可知:多轮起落架作用下,应力接缝传荷系数较单轮起落架作用下有所增加,增幅介于 12%~27%;随着起落架轴数的增加,接缝传荷系数逐渐减小;荷载大小对接缝传荷系数没有影响。多轮起落架有两个机轮靠近横缝,促进了荷载传递效率的提高,而随着轴数的增加荷载逐渐远离横缝,故接缝传荷系数逐渐减小;由于本书所建立的模型是线弹性的,所以在不考虑轮印接触面积变化的情况下,荷载大小对接缝传荷系数没有影响。

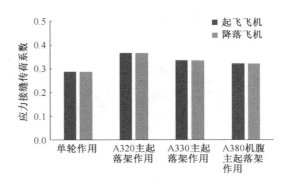

图 4.41　不同起落架作用下的应力接缝传荷系数

本章参考文献

[1] 中国民用航空局. 民用机场水泥混凝土道面设计规范:MH/T 5004—2010[S]. 北京:中国民航出版社,2010.

[2] 梅英宝. 交通荷载作用下道路与软土复合地基共同作用性状研究[D]. 杭州:浙江大学,2004.

[3] 中国民用航空局. 民用机场飞机荷载桥梁设计指南:MH/T 5063—2023[S]. 北京:中国民航出版社,2023.

[4] 周华飞. 移动荷载作用下结构与地基动力响应特性研究[D]. 杭州:浙江大学,2005.

[5] 谈至明. 半结合式双层板弯曲的近似计算[J]. 公路,2001(4):25-26,62.

[6] 谈至明. 具有弹性夹层的文克勒地基上双层叠合梁的解[J]. 应用力学学报,2000(3):23-28.

[7] 徐芝纶. 弹性力学[M]. 北京:高等教育出版社,2006.

[8] 刘文,凌建明,赵鸿铎. 考虑接缝影响的机场水泥混凝土道面结构响应[J]. 公路交通科技,2007,24(12):15-18.

[9] 中国民用航空局. 民用机场沥青道面设计规范:MH/T 5010—2017[S]. 北京:中国民航出版社,2017.

[10] 周正峰,凌建明,袁捷. 机场水泥混凝土道面接缝传荷能力分析[J]. 土木工程学报,2009,42(2):112-118.

[11] 石亦平,周玉蓉. ABAQUS 有限元分析实例详解[M]. 北京:机械工业出版社,2006.

[12] 周正峰,凌建明. 基于 ABAQUS 的机场刚性道面结构有限元模型[J]. 交通运输工程学报,2009,9(3):39-44.

[13] 廖公云,黄晓明. ABAQUS 有限元软件在道路工程中的应用[M]. 南京:东南大学出版社,2007.

[14] Hibbitt Karlsson & Sorensen Inc. ABAQUS/Standard 有限元软件入门指南[M]. 庄苗,等,译. 北京:清华大学出版社,1998.

[15] 史恩辉. 不均匀接触应力作用下机场沥青道面空间结构响应[D]. 上海：同济大学，2015.

[16] 朱立国，陈俊君，袁捷，等. 基于虚拟样机的飞机滑跑荷载[J]. 同济大学学报（自然科学版），2016，44（12）：1873-1879，1888.

[17] 许金余. 飞机-道面-土基动力耦合系统有限元分析[J]. 计算力学学报，1994，11(1)：77-84.

[18] 朱立国. 基于大型飞机虚拟样机的刚性道面动力行为模拟与表达[D]. 上海：同济大学，2017.

[19] 孙立军. 铺面工程学[M]. 上海：同济大学出版社，2012.

[20] 石小平，姚祖康，李华，等. 水泥混凝土的弯曲疲劳特性[J]. 土木工程学报，1990，23(3)：11-12.

5 飞机-跑道相互作用分析方法

5.1 飞机机轮-跑道道面接触关系

1. 机轮-道面接触几何关系

1）道面双向约束

通过分析点 x 处飞机机轮与跑道道面的动态接触关系(图 5.1),基于位移协调原理,可得点 x 处轮胎压缩量 $y(x)$ 为飞机机轮位移、道面不平整、跑道振动位移三者的函数,具体见式(5.1)。

$$y(x) = z_i - [z_r + r_t(x)] \tag{5.1}$$

式中,z_i 表示飞机机轮位移;z_r 表示跑道的振动位移,$r_t(x)$ 表示不平整激励。

该接触关系被广泛应用于飞机滑跑动力学研究,属于双向约束模型,即飞机机轮未从道面跳起时,道面对机轮施以向上的支持力;当飞机出现从道面跳起的趋势时,道面对机轮施以向下的拉力,阻止机轮跳起。但是,在实际情况下道面与机轮间并不存在拉力,机轮受不平整激励或着陆的强冲击作用可能会离开道面,双向约束的接触关系显然是不符合实际的。

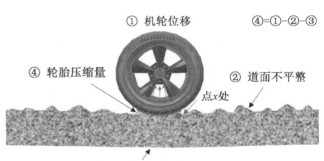

图 5.1 飞机-道面-跑道接触关系

2）道面单向约束

考虑道面仅能对机轮施加向上的支持力,即道面对机轮的约束是单向的,无法限制机轮从道面跳起。当机轮跳起时,道面与机轮不存在接触关系,机轮轮胎压缩量为 0,因此这种是符合实际的机轮-道面接触关系,基于单项约束建立点 x 处轮胎压缩量 $y(x)$ 与飞机机轮位移、道面不平整、跑道振动位移三者的关系式为

$$y(x) = \begin{cases} z_i - [z_r + r_t(x)], & z_i - [z_r + r_t(x)] > 0 \\ 0, & z_i - [z_r + r_t(x)] < 0 \end{cases} \tag{5.2}$$

2. 机轮-道面接触力学关系

飞机、跑道间的相互作用力向上激励飞机振动,向下激发跑道振动,该作用力是将飞机和跑道结构子模型融合为整体大模型的纽带,随飞机与跑道接触点位置 x 的不同而实时动态变化,点 x 处飞机轮胎压缩量 $y(x)$ 的函数可表示为

$$F(x) = k_t \cdot y(x) + c_t \cdot \dot{y}(x) \tag{5.3}$$

式中,k_t 表示飞机轮胎刚度;c_t 表示飞机轮胎阻尼。

5.2 飞机-跑道相互作用的动力学模型

基于飞机机轮-跑道道面接触关系,将飞机子模型和跑道子模型联系起来,构建飞机-跑道相互作用的动力学模型。

5.2.1 飞机-跑道相互作用的垂向模型

1. 物理模型

基于飞机机轮-跑道道面单点接触关系,将二自由度飞机子模型和跑道子模型联系起来,构建飞机-跑道相互作用的垂向物理模型,如图 5.2 所示。其中不平整激励为单条测线的实测或重构道面不平整模型,飞机模型采用第 3.1.4 节所述的二自由度垂向振动模型,跑道模型采用 Kelvin 地基上的单层梁模型,并采用振型分解法将道面结构的几何坐标转化为振型坐标。

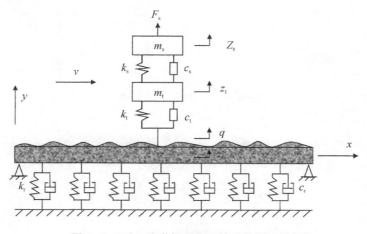

图 5.2 飞机-跑道相互作用的垂向物理模型

2. 数学表达

飞机-跑道相互作用的垂向模型数学表达见式(5.4)。

$$\left.\begin{array}{l} m_s\ddot{z}_s + k_s(z_s - z_t) + c_s(\dot{z}_s - \dot{z}_t) = -F_s \\[2mm] m_t\ddot{z}_t - k_s(z_s - z_t) - c_s(\dot{z}_s - \dot{z}_t) + k_t\left(z_t - \sum_{i=1}^{n}\varphi_i q_i\right) + c_t\left(\dot{z}_t - \sum_{i=1}^{n}\varphi_i \dot{q}_i\right) \\[2mm] \quad = k_t r_t + c_t \dot{r}_t \\[2mm] \ddot{q}_j + \dfrac{c_r}{m_r}\dot{q}_j + \dfrac{k_r}{m_r}q_j + EI\dfrac{j^4\pi^4}{m_r L^4}q_j \\[2mm] \quad = \dfrac{2}{m_r L}\varphi_j(x_i)\left[k_t\left(z_t - \sum_{i=1}^{n}\varphi_i q_i - r_t\right) + c_t\left(\dot{z}_t - \sum_{i=1}^{n}\varphi_i \dot{q}_i - \dot{r}_t\right) + (m_s + m_t)g\right] \end{array}\right\}$$

$$(5.4)$$

飞机子模型为二自由度,道面结构取 n 阶振型,则振动方程总数为 $n+2$ 个。为便于后续计算,将式(5.4)表示为式(5.5)的矩阵形式[式(5.6)]。

$$M\ddot{X} + C\dot{X} + KX = F \tag{5.5}$$

$$M = \begin{bmatrix} 1 & & & & & \\ & 1 & & & & \\ & & \ddots & & & \\ & & & 1 & & \\ & & & & m_s & \\ & & & & & m_t \end{bmatrix} \tag{5.6(a)}$$

$$K = \begin{bmatrix} \omega_1^2 + \rho_k\varphi_1\varphi_1 & \rho_k\varphi_1\varphi_2 & \cdots & \rho_k\varphi_1\varphi_n & 0 & -\rho_k\varphi_1 \\ \rho_k\varphi_2\varphi_1 & \omega_2^2 + \rho_k\varphi_2\varphi_2 & \cdots & \rho_k\varphi_2\varphi_n & 0 & -\rho_k\varphi_2 \\ \vdots & \vdots & & \vdots & \vdots & \vdots \\ \rho_k\varphi_n\varphi_1 & \rho_k\varphi_n\varphi_2 & \cdots & \omega_n^2 + \rho_k\varphi_n\varphi_n & 0 & -\rho_k\varphi_n \\ 0 & 0 & \cdots & 0 & k_s & -k_s \\ -k_t\varphi_1 & -k_t\varphi_2 & \cdots & -k_t\varphi_n & -k_s & k_s + k_t \end{bmatrix} \tag{5.6(b)}$$

$$C = \begin{bmatrix} \dfrac{c_r}{m_r} + \rho_c\varphi_1\varphi_1 & \rho_c\varphi_1\varphi_2 & \cdots & \rho_c\varphi_1\varphi_n & 0 & -\rho_c\varphi_1 \\[2mm] \rho_c\varphi_2\varphi_1 & \dfrac{c_r}{m_r} + \rho_c\varphi_2\varphi_2 & \cdots & \rho_c\varphi_2\varphi_n & 0 & -\rho_c\varphi_2 \\[2mm] \vdots & \vdots & & \vdots & \vdots & \vdots \\[2mm] \rho_c\varphi_n\varphi_1 & \rho_c\varphi_n\varphi_2 & \cdots & \dfrac{c_r}{m_r} + \rho_c\varphi_n\varphi_n & 0 & -\rho_c\varphi_n \\[2mm] 0 & 0 & \cdots & 0 & c_s & -c_s \\[2mm] -c_t\varphi_1 & -c_t\varphi_2 & \cdots & -c_t\varphi_n & -c_s & c_s + c_t \end{bmatrix} \tag{5.6(c)}$$

$$X = \begin{bmatrix} q_1 \\ q_2 \\ \vdots \\ q_n \\ z_s \\ z_t \end{bmatrix}$$

$$\varphi_i(x) = \sin\frac{i\pi x}{L}, \quad z_r = \sum_{i=1}^{n}\varphi_i q_i, \quad \omega_j = \sqrt{\frac{k_r}{m_r} + \frac{EI}{m_r}\frac{j^4\pi^4}{L^4}} \qquad [5.6(d)]$$

$$F = \begin{bmatrix} \varphi_1(\rho_g - \rho_c \dot{r}_t - \rho_k r_t) \\ \varphi_2(\rho_g - \rho_c \dot{r}_t - \rho_k r_t) \\ \vdots \\ \varphi_n(\rho_g - \rho_c \dot{r}_t - \rho_k r_t) \\ -F_s \\ k_t r_t + c_t \dot{r}_t \end{bmatrix}$$

$$\rho_k = \frac{2k_t}{m_r L}, \quad \rho_c = \frac{2c_t}{m_r L}, \quad \rho_g = \frac{2(m_s + m_t)g}{m_r L} \qquad [5.6(e)]$$

5.2.2　飞机-跑道相互作用的空间模型

1.　物理模型

基于飞机机轮-跑道道面多点接触关系,将六自由度飞机子模型和跑道子模型联系起来,构建飞机-跑道相互作用的空间物理模型,如图 5.3 所示。其中不平整激励为三维实测或重构道面不平整模型,飞机模型采用第 3.1.4 节所述的六自由度空间振动模型,跑道模型采用 Kelvin 地基上的单层板模型,并采用振型分解法将道面结构的几何坐标转化为振型坐标。

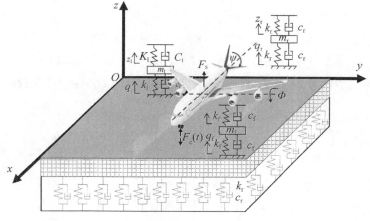

图 5.3　飞机-跑道相互作用的空间物理模型

2. 数学表达

飞机-跑道相互作用的空间模型的数学表达如式(5.7)所示。

$$\begin{bmatrix} M_a & 0 \\ 0 & M_r \end{bmatrix}\begin{bmatrix} \ddot{X}_a \\ \ddot{X}_r \end{bmatrix} + \begin{bmatrix} C_a & C_{ar} \\ C_{ra} & C_r \end{bmatrix}\begin{bmatrix} \dot{X}_a \\ \dot{X}_r \end{bmatrix} + \begin{bmatrix} K_a & K_{ar} \\ K_{ra} & K_r \end{bmatrix}\begin{bmatrix} X_a \\ X_r \end{bmatrix} = \begin{bmatrix} F_c + F_s - F_g \\ -F_c \end{bmatrix} \tag{5.7}$$

飞机子模型为六自由度,道面结构取 n 阶振型,则振动方程总数为 $n+6$ 个。为便于后续计算,将式(5.7)表示为式(5.8)的矩阵形式。飞机-跑道空间模型的数学表达的推导流程和垂向模型类似,可参照第 5.2.1 节式(5.6)矩阵方程的形式进行表征,故本节不再列出 M、C、K、X、F 的具体形式。

$$M\ddot{X} + C\dot{X} + KX = F \tag{5.8}$$

5.3 飞机-跑道相互作用方程的数值求解

5.3.1 时域法

在时域内,采用直接积分法(逐步积分法)可输出系统振动响应的时程信息。直接积分法分为隐式法和显式法,常用的隐式法包括 Newmark-β 法、Houbolt 法等,显式法包括中心差分法、新型快速显式积分法等。

1. 隐式法

1) Newmark-β

Newmark-β 法用前一步的位移、速度和加速度来表示下一步的位移和速度,其积分格式见式(5.9)和式(5.10)。

$$\dot{u}_{t+\Delta t} = \dot{u}_t + [(1-\gamma)\ddot{u}_t + \gamma\ddot{u}_{t+\Delta t}]\Delta t \tag{5.9}$$

$$u_{t+\Delta t} = u_t + \dot{u}_t\Delta t + \left[\left(\frac{1}{2} - \beta\right)\ddot{u}_t + \beta\ddot{u}_{t+\Delta t}\right]\Delta t \tag{5.10}$$

式中,γ、β 为按照积分的精度和稳定性要求可以调整的参数。

Newmark-β 法逐步求解飞机-跑道相互作用方程的步骤具体如下:

① 计算初始条件,确定计算时间步长 Δt、参数 β、参数 γ 和积分常数;

$$\alpha_0 = \frac{1}{\beta\Delta t^2}; \; \alpha_1 = \frac{\gamma}{\beta\Delta t}; \; \alpha_2 = \frac{1}{\beta\Delta t}; \; \alpha_3 = \frac{1}{2\beta} - 1; \; \alpha_4 = \frac{\gamma}{\beta} - 1;$$

$$\alpha_5 = \frac{\Delta t}{2}\left(\frac{\gamma}{\beta} - 2\right); \; \alpha_6 = \Delta t(1-\gamma); \; \alpha_7 = \Delta t\gamma \tag{5.11}$$

确定系统运动的初始值 $\{u\}_0$,$\{\dot{u}\}_0$ 以及 $\{\ddot{u}\}_0$。

② 输入刚度矩阵 K,阻尼矩阵 C 和质量矩阵 M;

③ 利用式(5.12),得到等效刚度矩阵 $\hat{K}$;

$$\hat{K} = K + \alpha_0 M + \alpha_1 C \tag{5.12}$$

④ 用式(5.13),得到 t_{i+1} 时间点的等效荷载向量 $\{\hat{P}\}_{i+1}$;

$$\{\hat{P}\}_{i+1} = \{P\}_{i+1} + M[\alpha_0\{u\}_i + \alpha_2\{\dot{u}\}_i + \alpha_3\{\ddot{u}\}_i] \\ + C[\alpha_1\{u\}_i + \alpha_4\{\dot{u}\}_i + \alpha_5\{\ddot{u}\}_i] \tag{5.13}$$

⑤ 依据式(5.14),求解 t_{i+1} 时间点的位移 $\{u\}_{i+1}$;

$$\hat{K}\{u\}_{i+1} = \{\hat{P}\}_{i+1} \tag{5.14}$$

⑥ 利用以下公式,求解 t_{i+1} 时间点的加速度 $\{\ddot{u}\}_{i+1}$ 和速度 $\{\dot{u}\}_{i+1}$;

$$\{\ddot{u}\}_{i+1} = \alpha_0(\{u\}_{i+1} - \{u\}_i) - \alpha_2\{\dot{u}\}_i - \alpha_3\{\ddot{u}\}_i \tag{5.15}$$

$$\{\dot{u}\}_{i+1} = \{\dot{u}\}_i + \alpha_6\{\ddot{u}\}_i + \alpha_7\{\ddot{u}\}_{i+1} \tag{5.16}$$

其中,对于线弹性体系应当重复循环计算④~⑥步,而对于非线性体系应当循环计算②~⑥步。特别注意的是,控制参数 β,γ 的大小选择将影响该方法的计算精度和稳定性。当且仅当 $\gamma = 0.5$ 时,该方法才具有二阶精度,因此一般取 $\gamma = 0.5$,$0 \leqslant \beta \leqslant 0.25$。

2) Houbolt 法

Houbolt 法用前三步的位移来表示下一步的速度和加速度,其积分见式(5.17)和式(5.18)。

$$\dot{u}_{t+\Delta t} = \frac{1}{6\Delta t}(11u_{t+\Delta t} - 18u_t + 9u_{t-\Delta t} - 2u_{t-2\Delta t}) \tag{5.17}$$

$$\ddot{u}_{t+\Delta t} = \frac{1}{\Delta t^2}(2u_{t+\Delta t} - 5u_t + 4u_{t-\Delta t} - u_{t-2\Delta t}) \tag{5.18}$$

Houbolt 法逐步求解飞机-跑道相互作用方程的步骤具体如下:

① 确定跑道系统动力学参数 M,C,K;

② 计算初始值 $u_t,\dot{u}_t,\ddot{u}_t$;

③ 选取计算时间步长 Δt,并计算积分常数;

$$a_0 = \frac{2}{\Delta t^2}; a_1 = \frac{11}{6\Delta t}; a_2 = \frac{5}{\Delta t^2}; a_3 = \frac{3}{\Delta t}$$

$$a_4 = -2a_0; a_5 = -\frac{a_3}{2}; a_6 = \frac{a_0}{2}; a_7 = \frac{a_3}{9} \tag{5.19}$$

④ 使用数值仿真方法计算 $u_{\Delta t}$、$u_{2\Delta t}$;

⑤ 计算有效刚度矩阵;

$$\hat{K} = K + a_0 M + a_1 C \tag{5.20}$$

⑥ 做三角分解;

$$\hat{K} = LDL^{\mathrm{T}} \tag{5.21}$$

⑦ 计算在时刻 $t + \Delta t$ 的有效荷载；

$$\hat{\boldsymbol{P}}_{t+\Delta t} = \boldsymbol{P}_{t+\Delta t} + \boldsymbol{M}(a_2 u_t + a_2 u_{t-\Delta t} + a_6 u_{t-2\Delta t}) \\ + \boldsymbol{C}(a_3 u_t + a_5 u_{t-\Delta t} + a_7 u_{t-2\Delta t}) \tag{5.22}$$

⑧ 求解在时刻 $t + \Delta t$ 的位移；

$$\boldsymbol{LDL}^{\mathrm{T}} u_{t+\Delta t} = [\hat{P}]_t \tag{5.23}$$

⑨ 计算在时刻 $t + \Delta t$ 的速度和加速度：

$$\ddot{u}_{t+\Delta t} = a_0 u_{t+\Delta t} - a_2 u_t - a_4 u_{t-\Delta t} - a_6 u_{t-2\Delta t} \tag{5.24}$$

$$\dot{u}_{t+\Delta t} = a_1 u_{t+\Delta t} - a_3 u_t - a_5 u_{t-\Delta t} - a_7 u_{t-2\Delta t} \tag{5.25}$$

Houbolt 法无条件收敛，且在 $\boldsymbol{C} = 0$，$\boldsymbol{M} = 0$ 时可获得静态解。

2. 显式法

1）中心差分法

中心差分法用有限差分代替位移对时间的求导，利用位移的组合来表示速度和加速度，其积分见式(5.26)和式(5.27)。

$$\{\ddot{u}\}_i = \frac{\{u\}_{i-1} - 2\{u\}_i + \{u\}_{i+1}}{\Delta t^2} \tag{5.26}$$

$$\{\dot{u}\}_i = \frac{-\{u\}_{i-1} + \{u\}_{i+1}}{2\Delta t} \tag{5.27}$$

中心差分法属于二步法，在 $t = 0$ 时刻存在起步问题。因此，基于式(5.26)和式(5.27)，可得到 $t = -\Delta t$ 时刻的位移量。

中心差分法逐步求解飞机-跑道相互作用方程的步骤如下：

① 选择积分步长 Δt，计算积分常数：

$$c_0 = \frac{1}{\Delta t^2}, c_1 = \frac{1}{2\Delta t}, c_2 = 2c_0, c_3 = \frac{1}{c_2}$$

② 输入质量矩阵 $\boldsymbol{M}$、刚度矩阵 $\boldsymbol{K}$ 和阻尼矩阵 $\boldsymbol{C}$；

③ 确定初始条件 $\{u\}_0$，$\{\dot{u}\}_0$，根据式(5.25)计算 $\{\ddot{u}\}_0$；

$$\{\ddot{u}\}_0 = \boldsymbol{M}^{-1}(\{P\}_0 - \boldsymbol{K}\{u\}_0 - \boldsymbol{C}\{\dot{u}\}_0) \tag{5.28}$$

④ 按照式(5.29)计算 $\{u\}_{-1}$；

$$\{u\}_{-1} = \{u\}_0 - \Delta t\{\dot{u}\}_0 + c_3\{\ddot{u}\}_0 \tag{5.29}$$

⑤ 利用式(5.30)得到等效质量矩阵 $\hat{\boldsymbol{M}}$；

$$\hat{\boldsymbol{M}} = c_0\boldsymbol{M} + c_1\boldsymbol{C} \tag{5.30}$$

⑥ 利用式(5.31)得到 t_i 时刻的等效荷载 $\{\hat{P}\}_i$；

$$\{\hat{P}\}_i = \{\dot{P}\}_i - (\boldsymbol{K} - c_2\boldsymbol{M})\{u\}_i - (c_0\boldsymbol{M} - c_1\boldsymbol{C})\{u\}_{i-1} \tag{5.31}$$

⑦ 按照式(5.32)求解 t_{i+1} 时刻的位移 $\{u\}_{i+1}$;

$$\{u\}_{i+1} = \hat{\boldsymbol{M}}^{-1}\{\hat{P}\}_i \tag{5.32}$$

⑧ 根据式(5.33)和式(5.34)求解 t_i 时刻的加速度 $\{\ddot{u}\}_i$ 和速度 $\{\dot{u}\}_i$。

$$\{\ddot{u}\}_i = c_0(\{u\}_{i-1} - 2\{u\}_i + \{u\}_{i+1}) \tag{5.33}$$

$$\{\dot{u}\}_i = c_1(-\{u\}_{i-1} + \{u\}_{i+1}) \tag{5.34}$$

需注意的是中心差分法具有二阶精度,并且是有条件稳定的,即积分步长 $\Delta t \leqslant \dfrac{T_n}{\pi}$,其中 T_n 为结构自振周期。

当系统阻尼 $\boldsymbol{C}$ 可以忽略或者 $\boldsymbol{C}$ 与 $\boldsymbol{M}$ 同为对角矩阵,则中心差分法可不求解代数方程组,但动力学问题中系统阻尼不能忽略,因此每一时刻 t_i 都要求解一次线性代数方程组。

2) 新型快速显式积分法

新型快速显式积分法用前两步的位移、速度、加速度来表示下一步的位移和速度,其积分见式(5.35)和式(5.36)[1]。

$$\{u\}_{i+1} = \{u\}_i + \{\dot{u}\}_i\Delta t + (1/2 + \psi)\{\ddot{u}\}_i\Delta t^2 - \psi\{\ddot{u}\}_{i-1}\Delta t^2 \tag{5.35}$$

$$\{\dot{u}\}_{i+1} = \{\dot{u}\}_i + (1 + \varphi)\{\ddot{u}\}_i\Delta t - \varphi\{\ddot{u}\}_{i-1}\Delta t \tag{5.36}$$

新型快速显式积分法逐步求解飞机-跑道相互作用方程的步骤具体如下:

① 选择积分步长 Δt,参数 ψ、φ;

② 输入质量矩阵 $\boldsymbol{M}$、刚度矩阵 $\boldsymbol{K}$ 和阻尼矩阵 $\boldsymbol{C}$;

③ 确定初始条件 $\{u\}_0$,$\{\dot{u}\}_0$,根据式(5.37)计算 $\{\ddot{u}\}_0$;

$$\{\ddot{u}\}_0 = \boldsymbol{M}^{-1}(\{P\}_0 - \boldsymbol{K}_0\{u\}_0 - \boldsymbol{C}_0\{\dot{u}\}_0) \tag{5.37}$$

④ 利用式(5.35)和式(5.36)计算 t_{i+1} 时刻的位移 $\{u\}_{i+1}$ 和速度 $\{\dot{u}\}_{i+1}$;

⑤ 利用式(5.38)得到 t_{i+1} 时刻的等效荷载 $\{\hat{P}\}_{i+1}$;

$$\begin{aligned}
\{\hat{P}\}_{i+1} = &\{P\}_{i+1} - \boldsymbol{K}_{i+1}\{u\}_i - (\boldsymbol{C}_{i+1} + \boldsymbol{K}_{i+1}\Delta t)\{\dot{u}\}_i \\
&- \{(1 + \varphi)\boldsymbol{C}_{i+1} + (1/2 + \psi)\boldsymbol{K}_{i+1}\Delta t\}\{\ddot{u}\}_i\Delta t \\
&+ (\varphi\boldsymbol{C}_{i+1} + \psi\boldsymbol{K}_{i+1}\Delta t)\{\ddot{u}\}_{i-1}\Delta t
\end{aligned} \tag{5.38}$$

⑥ 按照式(5.39)求解 t_{i+1} 时刻的加速度 $\{\ddot{u}\}_{i+1}$;

$$\{\ddot{u}\}_{i+1} = \boldsymbol{M}^{-1}\{\hat{P}\}_{i+1} \tag{5.39}$$

新型快速显式积分法为二步法,起步时令 $\psi = \varphi = 0$,之后时刻采用所选取的 ψ 和 φ 的值。该方法唯有条件稳定,参数 ψ、φ 的选取会产生不同的稳定条件,即对应不同的积分步长要求,其最大稳定积分步长大于中心差分法。新型快速显式积分法具有二阶精度,

当取 $\psi = \varphi = 1/2$ 时,该方法综合特性良好[2]。

新型快速显式积分法在每个时间步的积分过程中,只要质量矩阵 $\boldsymbol{M}$ 为对角阵,那么无论 $\boldsymbol{C}$ 和 $\boldsymbol{K}$ 的形式如何,都无需求解线性方程组,大大提高求解效率。虽然其积分步长受到稳定条件限制,但由于每个时间步求解效率的大幅提高,使计算速度有效提高,特别是对于大型多自由度模型,该方法的求解效率优势更为凸显。

5.3.2 频域法

基于随机振动理论的频域法可直接建立起振动响应输出的频谱特性与激励输入的频谱特性的映射关系。在频域中,采用虚拟激励法可高效、准确计算飞机匀速滑跑过程中飞机-跑道的平稳随机振动。进一步结合瞬态空间频响函数法,可简便地求解飞机起降滑跑过程中飞机-跑道的非平稳随机振动。

1. 平稳随机振动求解方法

采用林家浩等[3]提出的虚拟激励法求解飞机匀速滑跑过程中系统的平稳随机振动响应。该方法计算效率高,且在理论上属于精确算法,广泛应用于众多工程领域[4]。

首先,对道面不平整激励输入的功率谱密度矩阵 $\boldsymbol{S}_\mathrm{P}(f)$ 进行特征分解,构造虚拟简谐激励 $\{\widetilde{P}_j(f,t)\}$,如式(5.40)所列。

$$\{\widetilde{P}_j(f,t)\} = \sqrt{d_j}\,\{\varphi_j\}^*\,\mathrm{e}^{i2\pi ft},\ j=1,\ 2,\ \cdots,\ n \tag{5.40}$$

式中,d_j 为矩阵 $\boldsymbol{S}_\mathrm{P}(f)$ 的特征值;$\{\varphi_j\}$ 为与 d_j 对应的特征向量,上标 * 代表共轭运算。

其次,利用系统的频响函数矩阵 $\boldsymbol{H}(f)$,按照式(5.41)计算系统的虚拟简谐响应 $\widetilde{X}_j(f,t)$。

$$\{\widetilde{X}_j(f,t)\} = \boldsymbol{H}(f)\{\widetilde{P}_j(f,t)\} \tag{5.41}$$

最后,根据式(5.42)求解系统实际响应的 PSD 矩阵 $\boldsymbol{S}_X(f)$。

$$\boldsymbol{S}_X(f) = \sum_{j=1}^{3}\{\widetilde{X}_j(f,t)\}^*\{\widetilde{X}_j(f,t)\}^\mathrm{T} \tag{5.42}$$

2. 非平稳随机振动求解方法

1) 起降径向运动模型

林可心等[5]通过分析飞机起降的速度和加速度传感器数据,并结合理论推导和仿真计算,验证了飞机在跑道上起降滑跑过程可近似看作是匀加速直线运动过程。相应的速度表达式为

$$v = v_0 + at \tag{5.43}$$

$$s = v_0 t + at^2/2 \tag{5.44}$$

式中,v_0 为匀加速过程的初始速度,当飞机起飞滑跑时取 0,当飞机降落滑跑时取接地速

度;a 为加速度,当飞机起飞滑跑时取正值,当飞机降落滑跑时取负值。

尽管在空间域内跑道的不平整是平稳的,但由于飞机起降滑跑的径向运动为非匀速过程,系统的微分方程变成时变微分方程,故系统的响应在时域内是非平稳的,即响应的频谱特性不仅与频率有关,也与时间密切相关。这种时间相关性可以通过式(5.44)反映在跑道的空间距离上,即系统响应的频谱特性与频率和空间位置相关。

2)非平稳随机振动求解思路

根据上述分析可知,飞机起降滑跑的非平稳随机振动可看作是均匀调制的演变随机过程[3],通过构造包含均匀调制过程的虚拟激励,就可将问题转化为虚拟确定性外载作用下的瞬态时间历程动力学响应分析。但是该方法仍需根据杜哈梅积分求解瞬态时间历程,这种方法比较复杂,且最好能将频谱特性与瞬态空间联系起来。因此,本书采取瞬时空间频响函数法推导飞机起降滑跑随机振动响应。

具体思路为:对于非平稳随机振动系统,不能用频响函数 $H(w)$ 表达式直接计算振动响应量;需根据非平稳随机振动中系统在时间频率下的频响函数 $H(w)$ 不变特性,再由时间频率 w 和空间频率 n 关系,得到空间频率下的瞬态频响函数 $H(s,n)$。根据求得的系统瞬态空间域下的频响函数矩阵,再由虚拟激励法构造虚拟道面激励,提取振动系统瞬态空间域下的频响函数内对应振动响应量虚拟形式的频响函数与虚拟响应,求取实际响应的功率谱密度。张立军等[6]通过与精确解比较,验证了该方法的准确性,在实际应用过程中意义清楚、易于理解,便于工程使用。

3)瞬时空间域频响函数

采用瞬态空间频响函数法,结合虚拟激励法的计算高效、精确优势,求得系统响应的瞬时功率谱,这个过程中最重要的是瞬时空间域频响函数的推导。

$$f = n\frac{\mathrm{d}s}{\mathrm{d}t} = nv = n\sqrt{(v_0{}^2 + 2as)} \tag{5.45}$$

式(5.45)给出了飞机起降滑跑匀加速行驶的时空频率的关系。将在(5.45)的基础上,结合系统的频响函数矩阵 $\boldsymbol{H}(f)$,可得到系统瞬时空间域频响函数矩阵表达式,见式(5.46)。

$$\boldsymbol{H}(n,t) = (\boldsymbol{K} - 4\pi^2 n^2(v_0{}^2 + 2as)\boldsymbol{M} + i2\pi n\sqrt{(v_0{}^2 + 2as)}\boldsymbol{C})^{-1}$$
$$(\boldsymbol{K}_\mathrm{t} + j2\pi n\sqrt{(v_0{}^2 + 2as)}\boldsymbol{C}_\mathrm{t}) \tag{5.46}$$

基于式(5.46),可以按照上一小节推导系统振动响应量的瞬时空间功率谱密度函数。

5.4　飞机-跑道随机振动仿真平台

本节在第 3 章的飞机地面动力学分析、第 4 章的跑道动力学分析和第 5 章飞机-跑道相互作用分析的基础上,建立 ARDISIM 1.0 平台,进行飞机-跑道随机振动仿真。

5.4.1 平台架构

仿真平台界面包括三个一级菜单:场景建模、参数输入和响应输出。三维可视化区域含有"总览、跟随、接触"视角操作,并可以旋转不同的角度。左下角有"开始/暂停"操作按钮。

5.4.2 仿真流程与功能

ARDISIM 1.0 平台通过场景建模、参数输入、响应输出三个模块和流程可实现模块化输入、自动化计算以及可视化输出。

1. 场景建模

点击左边菜单栏的"场景建模",页面的右边出现二级菜单"跑道建模、飞机建模、场景渲染",如图 5.4 所示。

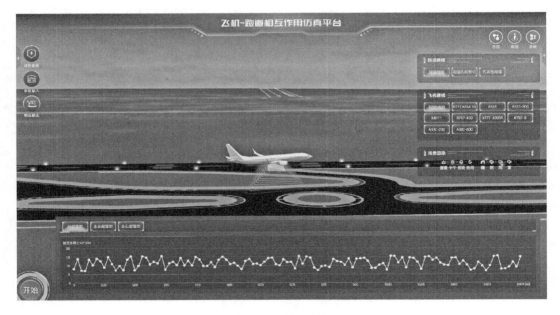

图 5.4 场景建模

1)跑道建模

跑道建模,依次有跑道结构、跑道几何形式、代表性跑道选项,点击后弹出对话框进行设置。

(1)跑道结构中默认设置了典型的 4F、4E、3C 等跑道结构形式、跑道沥青/水泥类型,直接勾选即可,选择后继续设置跑道结构的力学参数,包括道面参数和道基参数。

(2)跑道几何形式包括跑道长度和跑道宽度等。

(3)国内代表性的跑道,直接勾选即可。

2）飞机建模

包括常用的 B737‐800、B737 MAX 10、A318、A321‐200、MD11、B747‐400、B777‐300ER、B787‐8、A330‐200 和 A380‐800 等典型机型，无需建模，直接选取。

3）场景渲染

三维可视化区域的时间场景：清晨、中午、傍晚、夜间；以及天气场景：晴、阴、雨、雪。

2. 参数输入

点击左边菜单栏的"参数输入"，右边弹出跑道不平整参数、飞机运动参数、仿真设置三个二级菜单，如图 5.5 所示。

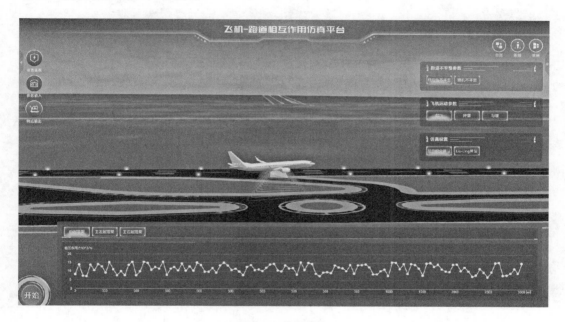

图 5.5 参数输入

1）跑道不平整参数

包括确定性的不平整参数设置（如脉冲不平整、谐波不平整等），它既可以在整个跑道上加入，也可以在某处地方加入；随机性不平整参数设置，直接选择相应的道面不平整功率谱。

2）飞机运动参数

包括飞机起飞、降落和匀速三个场景。点击每个场景，弹出对话框，设置相应的运动参数。

3）仿真设置

选择采用哪种仿真计算算法。

3. 仿真开始

在场景建模和参数输入都设置好之后，可以点击左下角的"开始"。

开始后，三维可视化区域默认是总览视图，这时候下方的图表展示区实时显示接触力的动力学响应（可切换不同的起落架和轮胎）。

如果点击了跟随，则三维可视化区域实时跟随飞机位置（类似于漫游）；如果点击了接触,则三维可视化区域实时展示起落架和道面接触的局部位置。在开始仿真的过程中,场景建模和参数输入不可点击,但是响应输出按钮可点击。

4. 响应输出

响应输出包括跑道振动、飞机振动和相互作用力三个二级菜单,如图5.6所示。

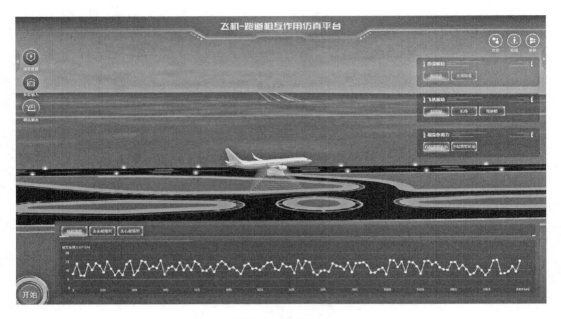

图 5.6 响应输出

1) 跑道振动

跑道振动包括标记点的振动和整条跑道振动两个选项。标记点振动可以输入标记点的空间坐标,而图表可视化区域会展示该点的时程曲线,包括加速度、位移、速度和应变等,这个点可以是智能跑道埋设传感器的位置点。整条跑道的振动是随着位置而分布,默认是该点的最大值。

2) 飞机振动

飞机振动包括飞机重心、驾驶舱和起落架等代表点的加速度、速度和位移等。

3) 相互作用力

相互作用力包括前起落架、主起落架各个轮胎与道面的接触力。

5.4.3 平台验证方法

基于在线感知的智能跑道技术(图5.7)进行 ARDISIM 1.0 平台的准确性验证,如图5.8所示,具体流程如下:

(1) 利用智能跑道中激光轮迹仪在线识别飞机机型、速度和轮迹,作为飞机输入。

(2) 通过智能跑道全寿命管理平台获取跑道结构形式以及结构参数,作为跑道输入。

(3) 通过动态应变计、加速度计感知监测断面动应变、振动加速度。

（4）采用三维激光扫描等手段获取跑道不平整数据，并结合流程（1）和（2）中所述飞机、跑道输入，利用 ARDISIM 1.0 平台进行仿真计算，输出动应变、振动加速度。

（5）将流程（4）中仿真输出与流程（3）中实测动应变、振动加速度进行对比，验证仿真平台的计算准确性。

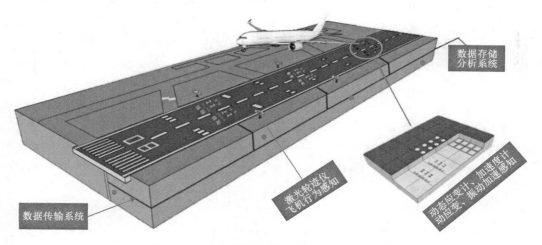

图 5.7 基于在线感知的智能跑道的准确性验证

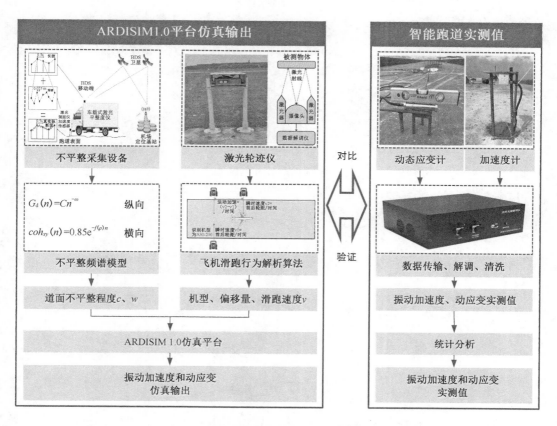

图 5.8 ARDISIM 1.0 平台的准确性验证流程

本章参考文献

［1］ ZHAI W M. Two Simple Fast Integration Methods for Large-Scale Dynamic Problems in Engineering［J］. International Journal for Numerical Methods in Engineering，1996，39（24）：4199-4214.

［2］ 翟婉明. 车辆-轨道耦合动力学［M］. 北京：科学出版社，2015.

［3］ LIN J H，ZHANG Y H. Pseudo Excitation Method in Random Vibration［M］. Beijing：Science Press，2004.

［4］ LIN J H，ZHANG Y H，ZHAO Y. The Pseudo-Excitation Method and Its Industrial Applications in China and Abroad［J］. Applied Mathematics and Mechanics，2017，38(1)：1-31.

［5］ LIN K X，Cen G P，LI L，et al. Simulation and Analysis for Airplanes Performance of Takeoff and Landing［J］. Journal of Air Force Engineering University（Natural Science Edition），2012，13(4)：21-25.

［6］ ZHANG L J，HE H，WANG Y S. Analysis on Instantaneous Spatial Spectrum of Vehicle Response［J］. Journal of Vibration and Shock，2003，22(3)：16-20.

6 多随机因素作用下飞机-跑道随机振动分析

6.1 飞机-跑道随机因素

6.1.1 激励随机因素

1. 道面不平整随机

受飞机荷载、气候环境、施工变异等不确定因素的综合影响,道面存在随机不平整。

基于第 2.3.2 节和第 2.3.3 节所述二维、三维重构方法,可随机模拟不同等级道面不平整的全样本空间域模型。

2. 飞机横向偏移随机

因驾驶员操纵水平不同、飞机速度快、跑道尺寸大等原因导致飞机在滑跑时,轮迹横向偏移是随机的。

笔者所在团队利用激光轮迹仪在线感知飞机滑行状态,激光轮迹仪实物图与工作原理如图 6.1 所示,布设方案如图 6.2 所示。在此基础上编制分析算法,在服务器中实时解

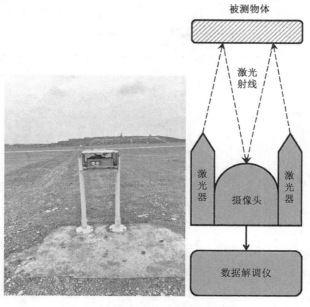

图 6.1 激光轮迹仪实物图与工作原理

析飞机滑跑速度、横向偏移量和机型等信息,如图 6.3 所示。通过对华东某机场长期监测数据的统计分析发现,飞机轮迹的横向偏移服从负偏态分布(向右偏),均值可取为 0.17 m,标准差可取为 0.99 m,如图 6.4 所示。

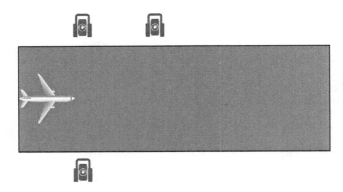

图 6.2 激光轮迹仪布设方案

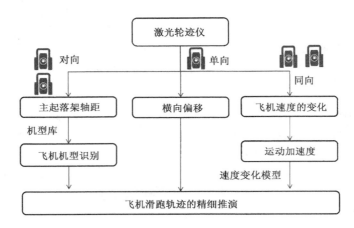

图 6.3 分析算法

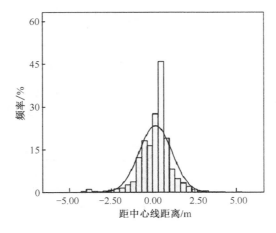

图 6.4 轮迹横向偏移分布曲线

3. 飞机升力随机

在随机风荷载作用下,飞机升力具有随机性,这也是飞机-跑道相互作用模型区别于车辆-道路模型和列车-轨道模型等的最显著特点。

利用机场气象仪采集的数据得到风速的分布规律,根据第 2.2.2 节所述飞机升力计算公式,得到飞机升力的概率分布规律。

6.1.2 结构参数随机因素

1. 飞机结构参数随机

由于飞机使用寿命、载客量、材料微观结构等的差异,飞机起落架和轮胎的刚度与阻尼,飞机机身质量,转动惯量,起落架和轮胎质量等结构参数的随机性在实际过程中客观存在。

通过飞机制造商的技术手册得到飞机非力学参数的概率分布规律,利用驾驶模拟器获取飞机力学参数的概率分布规律。

2. 跑道结构参数随机

受施工工艺、温湿度和材料微损伤等的影响,道基刚度、阻尼和道面结构弹性模量等跑道结构参数具有一定的变异系数从而呈现随机性。

基于智能跑道在线监测和落锤式弯沉仪(Falling Weight Deflectometer,FWD)检测等掌握跑道结构参数的概率分布规律。

6.2 考虑多随机因素的飞机-跑道随机振动模型

6.2.1 单一随机因素下飞机-跑道随机振动模型

在已知单一随机因素全概率分布的前提下,将单一随机因素作为随机变量,融入飞机-跑道相互作用模型,形成考虑单一随机因素的飞机-跑道随机振动模型,并推导飞机-跑道随机振动方程,仅考虑道面不平整单一随机因素的飞机-跑道随机振动方程见式(6.1);进而利用随机振动计算方法,编制随机动力响应求解算法,获取飞机、跑道随机动力响应(振动位移、振动速度、振动加速度、动载系数、动应变和动应力等)的概率分布,具体流程见图 6.5,在此基础上进行多工况仿真,对多维随机参数开展单因素敏感性分析,全面评估各随机参数对飞机和跑道随机响应的影响程度。

$$\left. \begin{matrix} \begin{bmatrix} M_a & 0 \\ 0 & M_r \end{bmatrix} \begin{bmatrix} \ddot{X}_a \\ \ddot{X}_r \end{bmatrix} + \begin{bmatrix} C_a & C_{ar} \\ C_{ra} & C_r \end{bmatrix} \begin{bmatrix} \dot{X}_a \\ \dot{X}_r \end{bmatrix} + \begin{bmatrix} K_a & K_{ar} \\ K_{ra} & K_r \end{bmatrix} \begin{bmatrix} X_a \\ X_r \end{bmatrix} = \begin{bmatrix} F_c(t,\Theta) + F_s - F_g \\ -F_c(t,\Theta) \end{bmatrix} \\ \text{飞机-跑道相互作用力:} \quad F_c(t,\Theta) = k_t r_t(t,\Theta) + c_t \dot{r}_t(t,\Theta) \\ \text{飞机升力:} \quad F_s = 1/2\rho(v-v_w)^2 WC_1 \\ \text{飞机重力:} \quad F_g = M_a g \end{matrix} \right\}$$

$$(6.1)$$

式中，Θ 为道面随机不平整重构过程中产生的随机参数变量集。

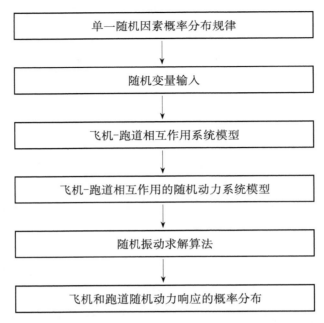

图 6.5 考虑单一随机因素的飞机-跑道随机振动模型分析流程

6.2.2 多随机因素综合作用下飞机-跑道随机振动模型

考虑多随机因素的综合作用，首先明确各随机因素的概率分布规律；将所有随机因素作为随机变量，融入飞机-跑道相互作用模型，形成考虑多随机因素的飞机-跑道随机振动模型（图 6.6），并推导飞机-跑道随机振动方程，见式（6.2）；最后利用随机振动计算方法，编制随机动力响应求解算法，获取飞机、跑道随机动力响应（振动位移、振动速度、振动加速度、动载系数、动应变和动应力等）的概率分布，具体流程如图 6.7 所示。在此基础上，总结实际情况下飞机和跑道随机动力响应的概率分布规律。

$$
\begin{bmatrix} M_{\mathrm{a}}(\Theta) & 0 \\ 0 & M_{\mathrm{r}}(\Theta) \end{bmatrix} \begin{bmatrix} \ddot{X}_{\mathrm{a}} \\ \ddot{X}_{\mathrm{r}} \end{bmatrix} + \begin{bmatrix} C_{\mathrm{a}}(\Theta) & C_{\mathrm{ar}}(\Theta) \\ C_{\mathrm{ra}}(\Theta) & C_{\mathrm{r}}(\Theta) \end{bmatrix} \begin{bmatrix} \dot{X}_{\mathrm{a}} \\ \dot{X}_{\mathrm{r}} \end{bmatrix} + \begin{bmatrix} K_{\mathrm{a}}(\Theta) & K_{\mathrm{ar}}(\Theta) \\ K_{\mathrm{ra}}(\Theta) & K_{\mathrm{r}}(\Theta) \end{bmatrix} \begin{bmatrix} X_{\mathrm{a}} \\ X_{\mathrm{r}} \end{bmatrix}
$$

$$
= \begin{bmatrix} F_{\mathrm{c}}(t,\Theta) + F_{\mathrm{s}}(\Theta) - F_{\mathrm{g}}(\Theta) \\ -F_{\mathrm{c}}(t,\Theta) \end{bmatrix}
$$

飞机-跑道相互作用力： $\quad F_{\mathrm{c}}(t,\Theta) = k_{\mathrm{t}} r_{\mathrm{t}}(t,\Theta) + c_{\mathrm{t}} \dot{r}_{\mathrm{t}}(t,\Theta)$

飞机升力： $\quad F_{\mathrm{s}}(\Theta) = 1/2 \rho (v - v_{\mathrm{w}}(\Theta))^2 W C_{\mathrm{l}}$

飞机重力： $\quad F_{\mathrm{g}}(\Theta) = M_{\mathrm{a}}(\Theta) g$

$$\tag{6.2}$$

式中，Θ 为随机参数变量集，包含飞机-跑道的多随机因素，具体为随机的道面不平整、飞机横向偏移、飞机升力、飞机结构参数和跑道结构参数。

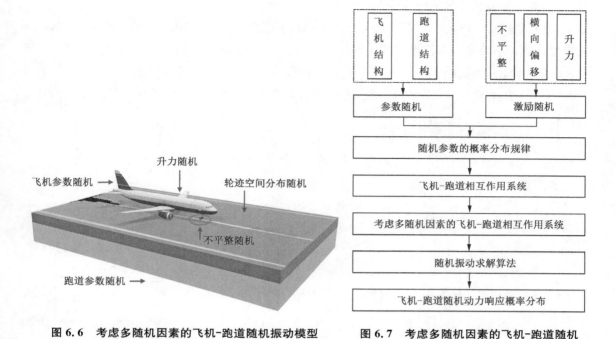

图 6.6　考虑多随机因素的飞机-跑道随机振动模型

图 6.7　考虑多随机因素的飞机-跑道随机振动模型分析流程

6.3　随机振动计算方法

蒙特卡洛法、概率密度演化方法和虚拟激励法是当前应用最为广泛的随机振动解析方法。虚拟激励法求解过程见第 5.3.2 节,本节主要对蒙特卡洛法、概率密度演化方法进行详细描述。

6.3.1　蒙特卡洛法

蒙特卡洛法以概率论和数理统计理论为基础,通过大量随机抽样来获得问题的近似解,也被称为随机抽样法、统计模拟法。蒙特卡洛法的原理可简单概括为反复抽样、逐渐逼近,其主要计算步骤如下:

(1)构造数学模型。

基于待求解问题的特点,建立输入和输出变量的数学模型,构造简单且符合实际概率过程的模型,使通过该模型计算的结果恰好是待求解问题的概率分布或其他统计值。

(2)对随机变量反复随机抽样。

明确各输入随机变量的概率分布,并选取适当的方法用计算机生成符合此概率分布的大量随机样本。进而对生成的样本进行反复随机抽样,并代入构建的数学模型中,计算得到对应的输出变量。

(3)统计输出变量的概率分布。

根据数理统计理论,对获得的大量模拟结果进行统计、分析、处理,最终得到待求解输出变量的概率分布。随机模拟的次数越大,输出变量的概率分布函数的精准度也越高。

蒙特卡洛法因思路清晰、程序简单、适用性强,被广泛应用于随机振动分析中[1,2]。但是,蒙特卡洛法模拟次数较大,计算工作量巨大,难以将其应用于复杂的实际工程问题中。

6.3.2 概率密度演化方法

概率密度演化方法可通过选取有限量的离散代表点进行计算,得到与蒙特卡洛方法大量随机模拟同等精度的结果,是一种高效、精确的随机振动求解方法[3,4]。概率密度演化方法计算流程如图6.8所示,具体如下。

(1)在系统随机参数变量集 Θ 的概率空间 Ω_Θ 中选取一系列离散代表点 Θ_q,并确定每个代表点的初始赋得概率 P_q , Θ_q 表达式为

$$\Theta_q = (\theta_{1,q}, \theta_{2,q}, \cdots, \theta_{s,q}), \quad q = 1, 2, \cdots, n_{sel} \tag{6.3}$$

式中,s 为系统随机变量个数;n_{sel} 为选取的代表点组数。

(2)对于选取的离散代表点,采用第5.3.1节的数值积分法,求解系统平衡方程,输出系统位移和速度;并通过待求解物理量 Z_j(应力、应变等)与系统位移、速度的关系式,得到待求解物理量的速度 $\dot{Z}_j(\theta,t)$;$j = 1, 2, \cdots, m$ 。

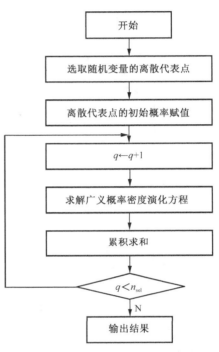

图 6.8 概率密度演化方法计算流程

(3)将获得的 $\dot{Z}_j(\theta,t)$ 代入广义概率密度演化方程[式(6.3)],采用差分法求得 $P_{Z\theta}(z,\theta,t)$ 的数值解。

$$\frac{\partial P_{Z\theta}(z,\theta,t)}{\partial t} + \sum_{j=1}^{m} \dot{Z}_j(\theta,t) \frac{\partial P_{Z\theta}(z,\theta,t)}{\partial Z_j} = 0 \tag{6.4}$$

式中,$P_{Z\theta}(z,\theta,t)$ 为联合概率密度函数。

(4)将所有 $P_{Z\theta}(z,\theta,t)$ 累计求和后得到待求解物理量的概率密度函数 $P_Z(z,t)$ 。

6.4 应用案例

采用虚拟激励法对 B737-800 飞机六自由度模型在典型沥青三维跑道随机不平整激

励下的随机振动进行频域分析[5]。

6.4.1 随机不平整激励下飞机各自由度的功率谱密度分布

在典型沥青三维跑道不平整激励下,B737-800 机型以 100 km/h 的速度滑行过程中,各自由度(机身竖向加速度,俯仰加速度,侧倾加速度,前轮、右轮及左轮竖向加速度)的功率谱密度(PSD)分布如图 6.9 所示。

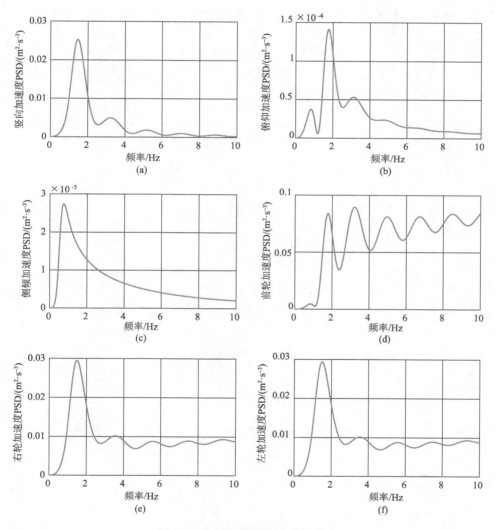

图 6.9　飞机各自由度的 PSD 分布

整体上看,各自由度对应的 PSD 分布存在多个峰值,这是因为多自由度飞机模型存在多阶频率。从图 6.9(a)、图 6.9(b)和图 6.9(c)的纵坐标比较可知,飞机竖向加速度比俯仰加速度和侧倾加速度高 2 个数量级,这表明飞机在不平整跑道上滑行过程中,竖向振动最大;而比较图 6.9(d)、图 6.9(e)和图 6.9(f)的纵坐标发现飞机前轮加速度比右轮加速度、左轮加速度高 1 个数量级,这表明飞机的前起落架振动更为剧烈。同时,相比主起落架轮胎,前起落架轮胎更易受高频激励的影响,这是因为飞机重心更靠近主起落架,并且前起落架率先受不平整激励的作用。两个主起落架轮胎的加速度 PSD 基本一致,最敏感的频率约为 1.5 Hz,与机身竖向加速度的敏感频率基本一致。相比之下,飞机俯仰加速度比竖向加速度的最敏感频率更大,而侧倾加速度比竖向加速度的最敏感频率更小,这表明高频激励更容易导致飞机剧烈"点头"振动,低频激励更容易导致飞机"左右"摇晃。

6.4.2　随机不平整激励下飞机振动响应量的功率谱密度分布

在典型沥青三维跑道不平整激励下,B737-800 机型在以 100 km/h 的速度滑行过程中,各振动响应量(机身竖向加速度,驾驶舱竖向加速度,前、右主、左主起落架动载系数)的 PSD 分布如图 6.10 所示。

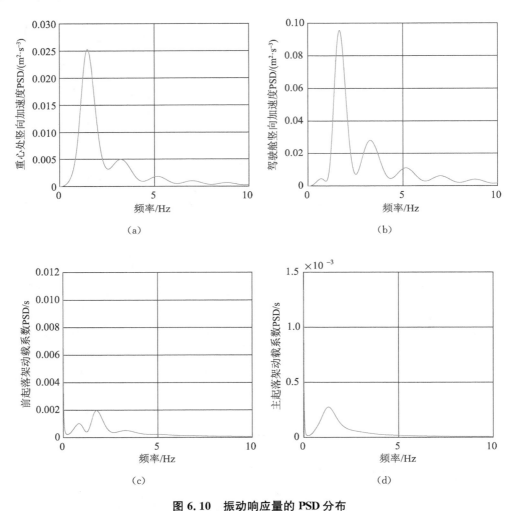

图 6.10　振动响应量的 PSD 分布

从图 6.10(a)和图 6.10(b)看,重心处竖向加速度和驾驶舱竖向加速度的 PSD 分布类似,都出现了多个波峰,但驾驶舱竖向加速度的分布更为尖锐、数值更大,其最敏感频率(1.7 Hz)比重心处竖向加速度的最敏感频率(1.5 Hz)更高,这表明驾驶舱的振动比飞机重心处更剧烈,且高频激励对驾驶员的影响比乘客更大。由图 6.10(c)和图 6.10(d)可知,相比于前起落架,主起落架动载系数更小,且只出现了一个峰值(1.5 Hz),而前起落架在 0~2 Hz 内出现了 2 个峰值(0.95 Hz 和 1.85 Hz),这表明主起落架受低频激励影响更大一些。

6.4.3 不同随机激励形式对功率谱密度分布的影响

B737-800 机型在以 100 km/h 的速度滑行过程中,典型的沥青跑道和水泥跑道不平整激励对振动响应量的影响如图 6.11 所示。整体来看,对于沥青跑道和水泥跑道,各振动响应量的 PSD 分布具有相似性,这表现在图 6.11 中虚线和实线呈现同时起伏和同时下降的趋势,各峰值对应的敏感频率几乎一样。但是,在约 2.6 Hz 处水泥跑道不平整激励下对应的各振动响应量出现了急剧下降,这是水泥跑道不平整激励模型中分段表征导致的,因为同一水泥混凝土板极少出现断板、裂缝等,板内平整度较高。

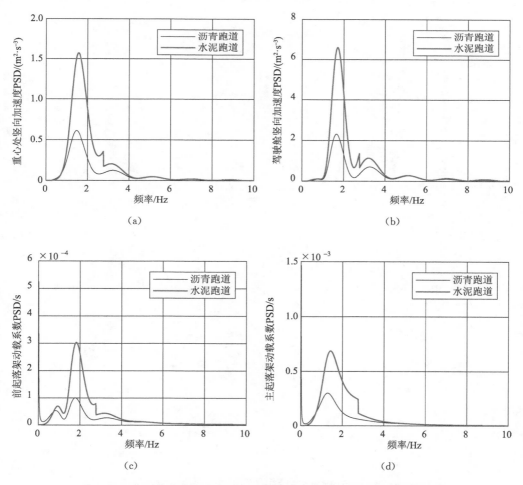

图 6.11 典型的沥青跑道和水泥跑道不平整激励对振动响应量的影响

本章参考文献

［1］ SHINOZUKA M，JAN C M. Digital Simulation of Random Processes and Its Applications［J］. Sound and Vibration，1972，25(1)：111-128.

［2］ 曾庆元，郭向荣. 列车桥梁时变系统振动分析理论与应用［M］. 北京：中国铁道出版社，1999.

［3］ 李杰，陈建兵. 随机动力系统中的概率密度演化方程及其研究进展［J］. 力学进展，2010，40(2)：170-188.

［4］ 李杰，陈建兵. 概率密度演化理论的若干研究进展［J］. 应用数学和力学，2017，38(1)：32-43.

［5］ 刘诗福. 飞机滑跑随机振动动力学响应及跑道平整度评价［D］. 上海：同济大学，2019.

7 飞机–跑道随机振动的应用实践

7.1 跑道平整度评价方法

7.1.1 跑道平整度评价模型

1. 全自由度飞机模型

跑道具有典型的三维不平整特征,仅针对单一不平整测线的二自由度飞机起落架模型无法真实反映跑道的三维不平整,因而采用六自由度整机模型,飞机模型及运动微分方程见第 3.1.4 节。

2. 代表机型及最不利速度

在第 3 章中采用了 B737-800、B757-200、B777-300、B787-800 以及 B747-400 共五种典型虚拟样机进行滑跑动力学响应分析,在平整度评价模型中将采用前四种作为代表机型,原因是: ① B777-300 和 B747-400 都属于宽体机型,在力学响应频率、敏感速度等特征上较为相似,因此采用 B777-300 机型代替即可;② B747-400 在市场上占有率较低;③ B747-400 为"五点式"模型,与第 6.1.1 节中建立的"三点式"不方便平整度模型的统一[1]。

基于跑道平整度模型的"最不利状况"原则,对每种代表机型应采用其最不利速度进行仿真。由第 3 章的分析可知,每一种代表机型滑跑的最不利速度有两个,一个是针对飞机机身振动加速度响应,对应的最不利速度是飞机起飞速度;另一个是针对起落架动载系数,对应的是敏感速度。最终,代表机型的最不利速度如表 7.1 所列。

表 7.1 代表机型的最不利速度

机型	最不利速度/(km · h^{-1})	
	敏感速度 v_1	起飞速度 v_2
B737	60	260
B757	80	328
B777	100	330
B787	90	348

3. 跑道最不利激励波段

基于跑道平整度模型的"最不利状况"原则,可先将跑道全断面起伏进行波段分解,再收集每个子波段最不利代表机型滑跑的动力学反应,最后将所有子波段对应的动力学反应叠加。这种方案的优点是只要确定全断面起伏子波段和最不利机型的映射关系,那么平整度评价模型就具有唯一性。

1) 全断面起伏的波形分解

小波变换将基函数换成有限长的会衰减的小波基,可以同时得到信号的波段和位置信息,其变换见式(7.1)。

$$WT_{a,\tau}(x) = \frac{1}{\sqrt{a}}\int h(x)\psi(\frac{x-\tau}{a})\mathrm{d}x \tag{7.1}$$

式中,$\psi(a,\tau)$ 为小波函数,其中 a 为尺度因子,控制小波函数的伸缩;τ 为平移因子,控制小波函数的平移,二者分别对应信号频率和位置信息。

将式(7.1)扩展到二维,采用二维小波分解可将跑道全断面起伏分解成不同的子波段[2]。图 7.1 为纵向 3 600 m、横向 20 m 的跑道全断面起伏情况,采样间隔为 0.025 m。利用二维小波分解实现了波段 1—波段 12 的波形分解,如图 7.2 所示,其中波段 1 为最小波段,范围是 0.05~0.1 m;波段 12 为最大波段,范围是 102.4~204.8 m。

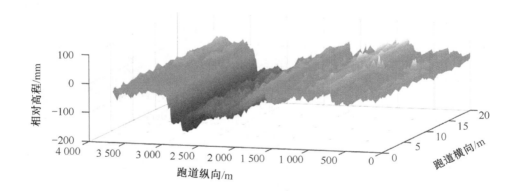

图 7.1　跑道全断面起伏状况

2) 不同子波段对应的最不利机型

根据第 3.3.3 节中不同飞机的敏感频率以及最不利速度,根据式(7.2),计算不同机型的最不利波段范围,见表 7.2。

$$\lambda = \frac{v}{f} \tag{7.2}$$

式中,λ 为最不利波长;v 为最不利速度;f 为敏感频率。

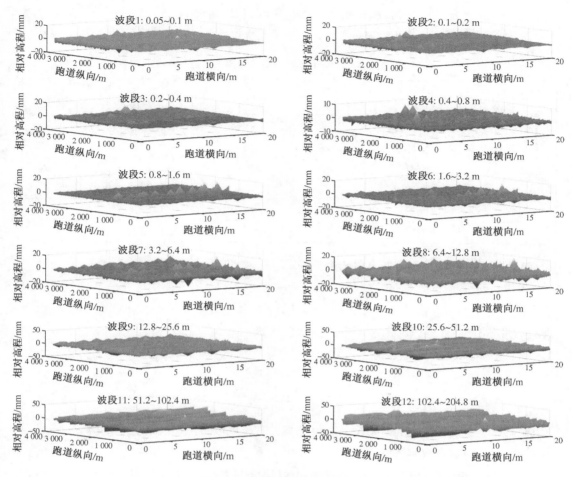

图 7.2 二维小波分解后的子波段

表 7.2 不同机型在最不利速度下对应的最不利波段

机型	敏感频段/Hz	最不利波段/m	
	第一敏感频段	对应起飞速度	对应敏感速度
	第二敏感频段		
B737	1.7～1.9	38～42	8.7～9.8
	3.1～3.3	21～23	5～5.4
B757	0.8～1.0	91～114	22～28
	2.0～2.2	41～46	10～11
B777	0.5～0.75	122～183	37～56
	0.8～1.2	76～114	23～34
B787	0.55～0.75	128～175	33～45
	1.8～2.1	46～54	18.5～22

将表 7.2 与图 7.2 对比,可得全断面起伏子波段和最不利机型的映射关系,如表 7.3 所列。

表 7.3 不同子波段对应的最不利机型

波段/m	起飞速度对应机型	敏感速度对应机型	波段/m	起飞速度对应机型	敏感速度对应机型
0.05~0.1	B737	B737	3.2~6.4	B737	B737
0.1~0.2	B737	B737	6.4~12.8	B737	B737
0.2~0.4	B737	B737	12.8~25.6	B737	B757
0.4~0.8	B737	B737	25.6~51.2	B757	B787
0.8~1.6	B737	B737	51.2~102.4	B787	B787
1.6~3.2	B737	B737	102.4~204.8	B777	B777

3) 所有子波段对应的动力学响应叠加

在同一子波段下收集对应机型在最不利速度下的动力学响应,可充分考虑第 3.3.3 节中关于飞机在多起伏下的叠加效应。因此,此方案充分反映了跑道不平整对飞机振动影响的最不利情况。式(7.3)表示了沿整条跑道纵向 y 对应的飞机动力学反应 $R(y)$,其为所有子波段对应的动力学响应的叠加。

$$R(y) = \sum_{i=1}^{12} r_i(y) \tag{7.3}$$

式中,$r_i(y)$ 为表中第 i 个子波段在对应机型和对应速度下滑跑的动力学响应。

4. 最不利横向偏移位置

机场跑道存在轮迹偏移,实测数据表明轮迹最大偏移量可达到 4 m。因此,对于全断面起伏的跑道,输入整机力学模型中的不平整激励 q_f, q_r, q_1 不是完全固定的,横向上 4 m 偏移范围内的不平整测线都有可能,如图 7.3 所示。图中虚线是 B777 在跑道滑跑过程的三条轮迹线,其中前起落架的轮迹线正好对准跑道中心线;实线是 B777 在滑跑过程中向右横向偏移了 2 m 的轮迹线。

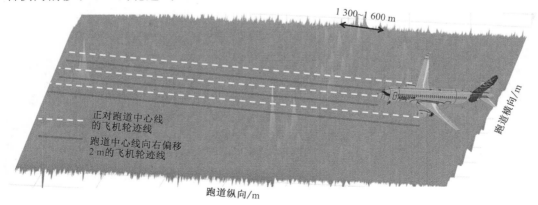

图 7.3 B777 轮迹偏移

综上,跑道平整度评价模型可考虑以横向偏移范围 4 m、步长 1 m 作为仿真搜索范围和条件,寻找最不利横向偏移位置作为整机力学模型的不平整激励。

7.1.2 跑道平整度评价指标

跑道平整度评价指标应综合反映 CGA、PSA、主左起落架动载系数(MGL_1)、主右起落架动载系数(MGL_r)和前起落架动载系数(NGL)五个振动响应量的变化,考虑到消除不同量纲影响,本书提出的飞机-跑道平整评价指标(Airport Runway Roughness Index,ARRI)可被定义为:跑道纵向单位距离内,典型机型在最不利激励波段、最不利滑行速度和最不利横向偏移位置下振动响应量的归一化加权平均值,计算见式(7.4)。

$$ARRI = a_1 \frac{CGA}{CGA_0} + a_2 \frac{PSA}{PSA_0} + a_3 \frac{MGL_1}{MGL_0} + a_4 \frac{MGL_r}{MGL_0} + a_5 \frac{NGL}{NGL_0} \quad (7.4)$$

式中,各子项式表示四类影响分别占的比例,a_1,a_2,a_3,a_4,a_5 分别是飞机滑跑过程中乘客舒适性、驾驶员操作的不利、主起落架动载系数和前起落架动载系数的权重,分别取 0.15,0.35,0.2,0.2,0.1;CGA_0,PSA_0,MGL_0,NGL_0 分别表示飞机滑跑过程中飞机重心处竖向加速度、驾驶舱竖向加速度、主起落架动载系数、前起落架动载系数的控制阈值,分别取值 3 m/s^2,2.73 m/s^2,1.15、1.3。

7.1.3 跑道平整度评价标准

无论是机型还是飞行姿态,跑道不平整对飞机的影响包括驾驶员操作的不利、乘客的不舒适感、起落架的疲劳寿命及跑道本身的附加应力四类。因此,要确定 ARRI 指标的评价标准,应从上述四个方面展开深入研究。

综合考虑飞机滑跑振动考虑的容许范围,以重心处加速度均方根、驾驶舱加速度均方根、主起落架动载系数和前起落架动载系数为控制指标,相应的分级标准见表 7.4。

表 7.4 控制指标下对应的控制标准

评价标准	优	良	中	差
重心处加速度均方根	<0.315	0.315~0.5	0.5~1.0	>1.0
驾驶舱加速度均方根	<0.35	0.35~0.47	0.47~0.91	>0.91
主起落架动载系数	<1.1	1.1~1.2	1.2~1.3	>1.3
前起落架动载系数	<1.32	1.32~1.44	1.44~1.56	>1.56

在均值为 0 的加速度信号中,常以 3 倍均方根值作为最大值。将表 7.4 中的阈值通过 ARRI 计算模型后,映射到 ARRI 的评价标准,如表 7.5 所示。

表 7.5　ARRI 的评价标准

评价标准	优	良	中	差
ARRI	<0.6	0.73	0.73~1.0	>1.0

7.1.4　评价方法的应用比较与分析

1. 极端情况下的表征能力

东营胜利机场属于区域支线型机场,占地面积为 206 hm²,跑道长 3 660 m、宽 50 m,属于 4D 类跑道。2008—2011 年,跑道向南延长至 2 800 m,其材质表面结构为沥青混凝土;2016—2017 年,原有跑道向北延长 860 m,延长的 860 m 跑道为水泥混凝土结构。通过第 6.3 节中的测试方法,跑道平整度实测数据及情况见图 7.4。

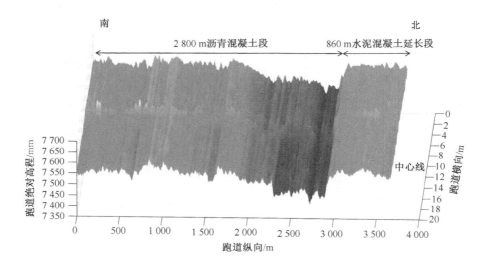

图 7.4　东营胜利机场实测跑道平整度情况

从南至北,以跑道纵向 500 m 为统计间隔,分别计算如下指标:

(1) 以中心线为代表,根据第 6.4.1 节计算 IRI、优化的 IRI。

(2) 以中心线为代表,根据第 6.4.2 节计算 BBI、优化的 BBI。

(3) 利用全断面的数据,根据第 6.2.3 节计算 $ARRI$。

(4) 利用第 5 章的 B737-800 虚拟样机模型,以 260 km/h 的速度匀速仿真滑跑,收集驾驶舱和重心处加速度历时曲线,并计算相应的加权加速度均方根。

最终,沿跑道纵向的 74 段统计指标分布如图 7.5 所示。

将第 7 个统计间隔(300~350 m)和第 55 个统计间隔(2 700~2 750 m)进行对比,图 7.6 为二者的三维相对高程情况。从相对高程的变化幅度上看,第 55 个统计间隔比第 7 个统计间隔要更大,存在一个超过 50 m 向上弯曲的长波,计算结果也表明 B737-800 机型在 300~350 m 段,PSA 加权加速度均方根仅为 0.30 m/s²,而在 2 700~2 750 m 段,

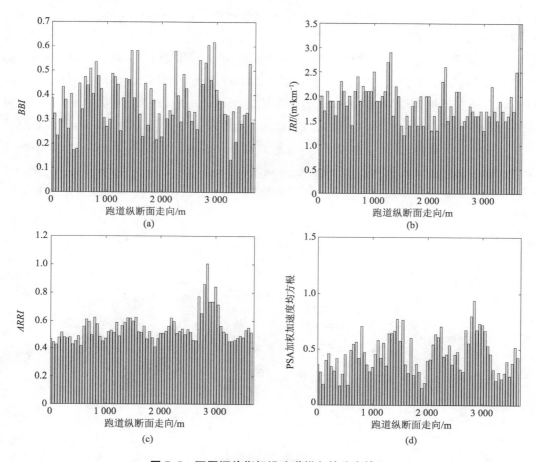

图 7.5 不同评价指标沿跑道纵向的分布情况

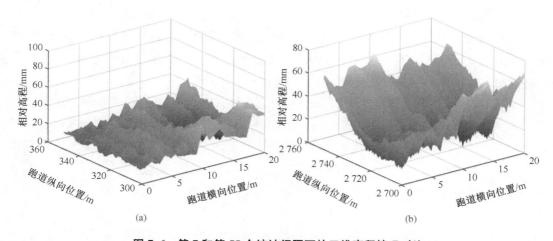

图 7.6 第 7 和第 55 个统计间隔下的三维高程情况对比

PSA 加权加速度均方根达到了 0.68 m/s²,约为前者的 2.3 倍。但是,两段的 *IRI* 值都为 1.6 m/km,这意味着 IRI 并不能表征飞机在这两个路段响应的差异。对比 ARRI 发现,两段的数值分别为 0.47 和 0.78,能较好地反映这两段平整度的差异。因此,从这两段的比较中发现,ARRI 指标比 IRI 更合理。

同理,将第 58 个统计间隔(2 850～2 900 m)和第 60 个统计间隔(2 950～3 000 m)进行对比,图 7.7 为二者的三维相对高程情况,在第 60 个统计间隔上也存在一个向下弯曲的长波。仿真结果表明 B737-800 机型在 2 850～2 900 m 段,PSA 加权加速度均方根为 0.74 m/s²;而在 2 950～3 000 m 段,PSA 加权加速度均方根达到了 0.94 m/s²,约为前者的 1.3 倍。但两段的 *BBI* 值都为 0.61,这意味着 BBI 并不能分辨两个路段飞机振动响应的差异。对比 ARRI 值发现,两段的数值分别为 0.74 和 1.0,后者约为前者的 3.5 倍,可较准确地反映这两段平整度的差异。因此,从这两段的比较中发现,ARRI 指标比 BBI 更合理。

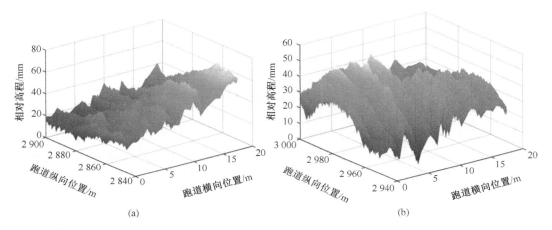

图 7.7 第 58 和第 60 个统计间隔下的三维高程情况对比

2. 评价指标的相关性

以上海浦东国际机场四跑道、杭州国际萧山机场一跑道、东营胜利机场跑道、宁波栎社国际机场跑道和南京禄口国际机场一跑道为分析样本,以 50 m 为统计间隔,共收集了 342 段平整度指标分析相关性。

图 7.8 表示了 BBI、IRI、ARRI 与 PSA 以及 ARRI 与 CGA 加权加速度均方根的相关性。总体上,PSA 加权加速度均方根分布在 0.1～1.3 m/s²,这表明该 5 条跑道的平整度分布范围较广。BBI 和 PSA 的相关系数 R^2 约为 0.52。IRI 与 PSA 的关系分布离散性很大,二者分布呈现一种随机状态,通过线性拟合的意义不大。与上述指标不同,ARRI 与 PSA 加权加速度均方根表现出非常好的相关性,二者的相关系数 R^2 高达 0.84。此外,ARRI 和 CGA 加权加速度均方根的相关系数也达到 0.85,比 BBI 的相关系数提高 45%。这表明 ARRI 模型能更好地预测飞机滑跑的振动响应,相比 IRI 和 BBI 指标,ARRI 的适应性有质的提高。这是因为在考虑跑道平整度的三维特性以及与飞机相互作用特性上,ARRI 具有独特的优势。

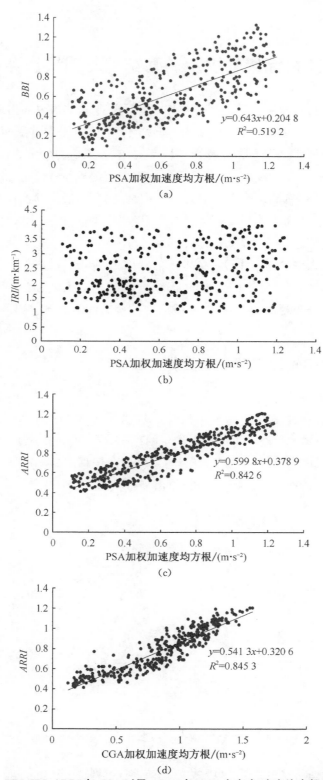

图 7.8 BBI、IRI、ARRI 与 PSA 以及 ARRI 与 CGA 加权加速度均方根的相关性

7.2　考虑多随机因素的水泥道面结构动力损伤评价

对于水泥道面结构损伤来说,不同机型轴重不同,造成结构内部出现多级位、随机性的荷载应力;同时,不同机型轮迹的随机横向偏移导致了道面不同位置处荷载作用频次的差异;此外,B777 等大型飞机的复杂起落架构型,也增强了结构损伤的随机叠加效应。因此,多机型混合的实际服役场景下水泥道面结构损伤与随机荷载级位、随机作用位置以及随机作用频次有关,具有显著的空间随机性。然而,现有的累积损伤计算方法中,以求解固定荷位下的最不利累积损伤为基础,忽略了其随机性特征,因此无法全面反映跑道全域结构损伤的随机特征。

为了满足面向未来的精细化设计需求,有必要充分考虑荷载级位、作用位置和作用频次等多随机因素,来实现水泥道面损伤的全面、合理表达。飞机-跑道道面设计的关键是掌握飞机轮迹横向分布规律、道面结构荷载应力的全空间分布规律以及道面累积损伤效应的表达模式。

7.2.1　飞机横向轮迹与荷载级位分布规律

1.　飞机横向轮迹分布规律

FAA 认为轮迹在跑道与滑行道上的分布均满足正态分布[3]。国内的实际研究表明[4],起飞飞机的轮迹空间分布并不满足绝对的正态分布,而是更接近于负偏态分布和极值分布。笔者所在团队基于第 6.1.1 节所述飞机横向偏移的感知和解析方法,对华东某 4E 机场的轮迹分布数据进行了统计分析,得出分布频率,见图 7.9[5]。

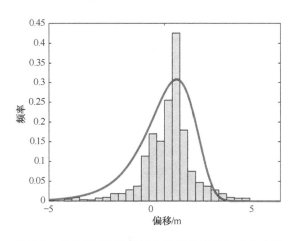

图 7.9　华东某 4E 机场综合数据轮迹横向分布曲线

对该机场轮迹横向分布规律进行分析和模型拟合发现,数据分布服从均值为 0.64 m、标准差为 1.11 m 的极值分布,其分布函数见式(7.5),轮迹横向分布模型参数如表 7.6 所列。

$$f(x) = \frac{1}{\beta} \exp\left[\frac{x-\alpha}{\beta} - \exp(\frac{x-\alpha}{\beta})\right] \tag{7.5}$$

式中,α,β 与均值 σ、标准差 μ 之间的关系为:$\alpha = \mu - 0.450\,05\sigma$,$\beta = 0.779\,7\sigma$;$x$ 为随机变量;μ 为期望;σ 为标准差。

表 7.6 起飞飞机轮迹横向分布模型参数

分布模型	参数	
	均值/m	标准差/m
极值分布	0.64	1.11

2. 荷载级位分布规律

通过航空交通量的统计分析,可获取水泥道面服役期内所承受的荷载级位分布。现行《民用机场水泥混凝土道面设计规范》(MH/T 5004—2010)中规定水泥混凝土的设计年限为 30 年。通过调研,参考华东某 4E 机场实际情况,航空交通量参数见表 7.7[6]。

表 7.7 航空交通量及机型组合

飞机等级	C	D	E	
机型	B737-800	B767-200	B747-400	B777-200
百分比	45%	25%	10%	20%
年平均起飞架次	54 000	30 000	12 000	24 000
评价期内起飞架次	1 080 000	600 000	240 000	480 000

在进行水泥道面设计寿命期内的总损伤计算时,鉴于 B747-400 与 B777-200 同为大型宽体客机,将 B747-400 机型的航空量等价换算成 B777-200 的航空量,即设计寿命期内有 1 080 000 架 B737-800,600 000 架 B767-200 和 720 000 架 B777-200。

7.2.2 道面结构荷载应力的全空间分布表达

采用结构动力响应的影响面来表达道面结构荷载应力的全空间分布规律。影响面法是结构力学中影响线法在空间结构上的扩展,当一个作用力方向不变的单位力沿着一个空间结构移动时,结构中某一位置的某一量值随荷载作用位置而改变,表示此变化规律的函数图形被称为该量值的影响面[6],如图 7.10 所示。当单位荷载沿杆移动时,A 点和 B 点的支承反力随荷载移动而变化的图形即为 A 点和 B 点的影响线图。

根据影响面的定义[7]可知,计算某一力学影响面最简单的方法是求单位荷载依次作用在所

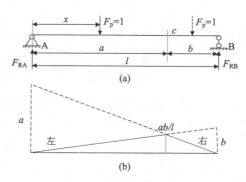

图 7.10 影响线示意

有可能作用的点处,这样得到的是该力学量离散的影响面坐标值。对点与点之间进行插值,可以得到道基结构中各层位各点的应力,从而得到一个离散的近似影响面。

7.2.3 道面累积损伤效应的表达

1. 疲劳损伤的衡量

疲劳损伤的大小可以通过疲劳方程来衡量。道面设计程序的核心即在于疲劳方程的选取。尽管目前有很多疲劳方程可供机场道面设计使用,但不同的疲劳方程会带来不同的设计结果。因此在特定的设计方法中,其疲劳方程并不能轻易替换为其他疲劳方程。

由于本书无论是地基模型的确定还是模型参数的选取均来自于现行的民航机场刚性道面设计规范,本书的目的也是对现行民航机场刚性道面设计规范进行补充与改进,因此本节选取现行《民用机场水泥混凝土道面设计规范》(MH/T 5004—2010)中的疲劳方程[8]为

$$N_e = 10^{14.048-15.117\sigma_p/f_{cm}} \tag{7.6}$$

式中,N_e 为飞机容许作用次数;σ_p 为板边计算应力;f_{cm} 为水泥混凝土的设计强度。

2. 累积损伤效应的表达

Miner 定律假定不同的荷载对道面结构的损伤能够在时空上进行线性叠加。累积损伤因子(Cumulative damage factor,CDF)可表征在设计使用年限内飞机对道面的累积损伤程度,计算式为

$$CDF = \sum CDF_i = \sum \frac{n_{ei}}{N_{pi}} \tag{7.7}$$

式中,CDF_i 是各机型对道面的损伤因子;n_{ei} 是荷载作用次数;N_{pi} 是允许作用次数。

基于 Miner 定律和 CDF 累积损伤因子的思想,以上述轮迹横向偏移和影响面的研究为依托,对板底节点的损伤进行研究分析,可绘制水泥道面结构损伤曲面,进行道面累积损伤效应的表达。

7.2.4 实例应用

在上述飞机横向轮迹与荷载级位分布规律、荷载应力全空间分布表达以及道面累积损伤效应表达分析的基础上,以华东某 4E 机场为例,进行多机型混合的实际服役场景下水泥道面累积损伤计算示例。本节将着重计算 FAA 假定的正态分布和本书实测的极值分布下道面板的损伤曲面,比较二者之间的异同。

1. 飞机横向轮迹正态分布下累积损伤计算

根据 FAA 假定的正态分布和累积损伤因子的计算思路,分析在我国民航机场 30 年的设计寿命期内,混合交通下道面 CDF 值的大小。若道面 CDF 的最大值大于 1,则道面性能不满足设计要求,需要重新设计。若 CDF 值小于 1,则道面结构设计合理。

对于 4E 类机场典型道面结构组合:面层厚度为 0.4 m,面层弹性模量为 38 GPa,当

量地基反应模量为 120 MN/m³，接缝刚度为 1 500 MN/m³，其在设计寿命期内道面沿跑道中线四块板总损伤曲面如图 7.11 所示[6]。

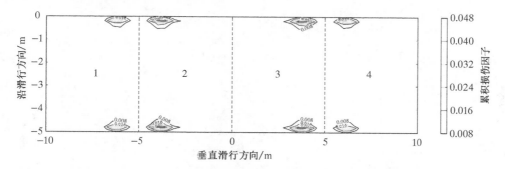

图 7.11　板厚 0.4 m 的典型道面结构在正态分布下的道面累积损伤曲面[6]

同样，这里也将沿跑道中线的左右各两块道面板进行编号，从左至右依次为 1、2、3、4 号板。从图中可以看出最大损伤出现在 2 号板和 3 号板的横缝中点偏外的位置。在 1 号板和 4 号板横缝中点附近也出现了一定的损伤，其损伤量小于 2、3 号板横缝中心附近的损伤量。在这种 4E 类机场典型道面结构下，设计寿命期内最大 CDF 值为 0.048，小于 1，符合设计要求。

2. 飞机横向轮迹极值分布下累积损伤计算

1）板厚为 0.4 m 的典型道面结构

对于相同的道面结构组合：面层厚度为 0.4 m，面层弹性模量为 38 GPa，当量地基反应模量为 120 MN/m³，接缝刚度为 1 500 MN/m³，轮迹横向分布为极值分布时，其在设计寿命期内道面沿跑道中线四块板总损伤曲面如图 7.12 所示[6]。

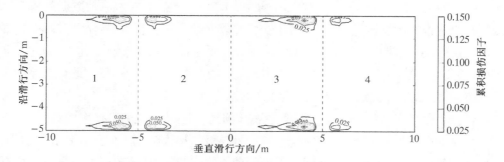

图 7.12　板厚 0.4 m 的典型道面结构在极值分布下的道面累积损伤曲面

相对于正态分布下的累积损伤曲面，极值分布下的累积损伤曲面发生了较大的改变。最大损伤只在 3 号板横缝中点偏外处产生，而在正态分布下 2、3 号板横缝中点附近均会产生最大损伤。极值分布下，损伤的最大值增大为 0.15，约为正态分布下最大损伤的 3.1 倍。换句话说，在极值分布下，道面板的损伤更为集中。若按照美国 FAA 的标准正态分布假定进行累积损伤计算，其损伤的计算量偏小，无法有效保证在设计寿命期内的使用安全。

2）板厚为 0.36 m 的典型道面结构

面层厚度为 0.36 m，其余参数不变，设计寿命期内道面沿跑道中线四块板总损伤曲面如图 7.13 所示[6]。

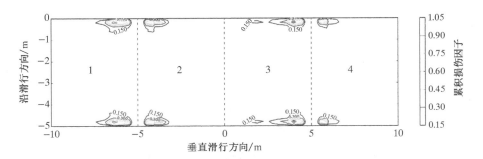

图 7.13　板厚 0.36 m 的典型道面结构在极值分布下的道面累积损伤曲面

从图 7.12 可以看出，在同样的极值分布下，道面板累积损伤曲面图形未发生显著变化，但累积损伤的最大值为 1.05，即 CDF 值大于 1。因此该结构是不合理的，需要重新设计。由此可以看出，道面板厚对 CDF 的影响较大。在这种情况下，道面板板厚减少了 4 cm，CDF 扩大了约 7 倍。同时，也从侧面表明，基于影响面的道面累积损伤曲面计算成果是合理可信的。

7.3　飞机-跑道随机振动分析在智能跑道中的实践

随着民航强国战略和四型机场建设的大力推进，传感器、物联网、人工智能也正蓬勃发展，而智能跑道成为前沿科技与重大战略的交汇点。智慧跑道的感知数据解析是由感知数据向物理模型的反演过程，除了需建立多源数据融合驱动模型来解析感知信息之外，其本质仍在于飞机-跑道系统动力学模型的解析，而这正是物理模型-响应数据的正演过程。因此，建立科学、合理、准确的飞机-跑道系统动力学模型，精准揭示飞机-跑道系统随机振动规律，可为真实运行情况下智能跑道感知的结构类响应数据解析提供有力的理论依据。

具体以西部某高原机场作为实践案例展开阐述。该机场具有温差大的特征，昼夜温差平均可达 35℃，水泥混凝土板存在较大的温度梯度从而形成温度翘曲变形，一方面会显著增加板块内应力，另一方面将引发道面板翘曲脱空，在飞机荷载应力与温度应力耦合作用下容易发生结构断板问题。

因此，针对以上问题风险，在跑道起降和滑行等典型断面处，通过各结构层内埋设各类传感器，实时感知应变、加速度、温度等信息。主要采用的传感器有动态应变计、静态应变计、温度计以及加速度计等。

监测断面的选择应考虑：①跑道上起降带；②跑道中间位置区域；③滑行道西端位置。综合考虑后，跑道和滑行道监测断面的平面位置如图 7.14 所示，各个断面的传感器情况如图 7.15 所示。

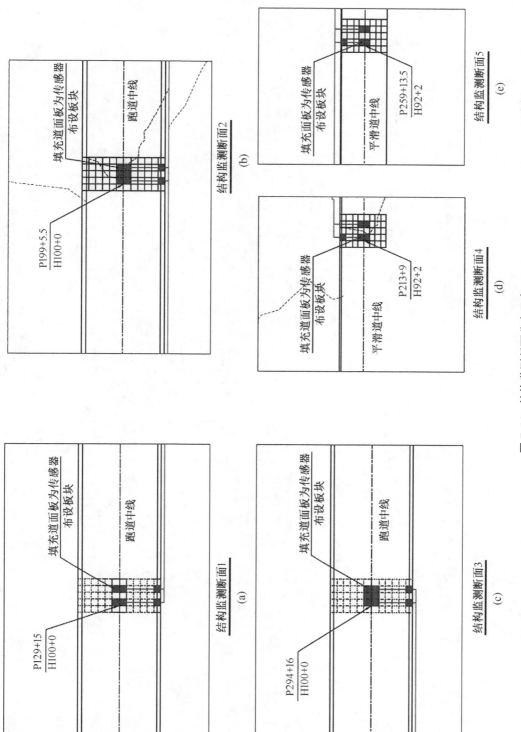

图 7.14 结构监测断面分布示意

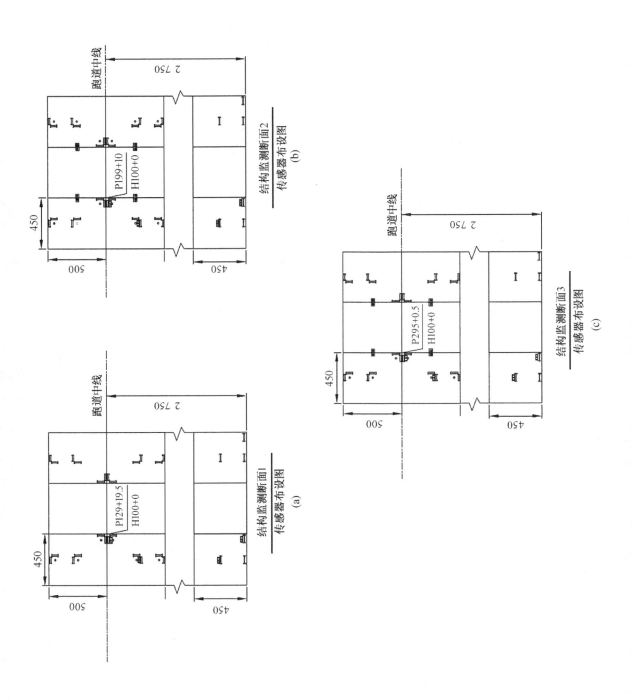

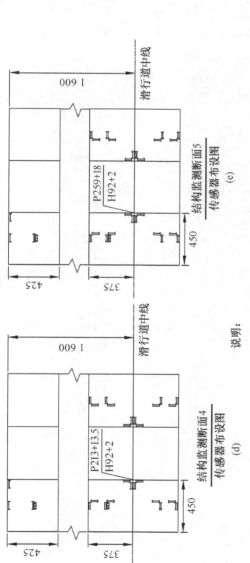

图例:
◉ 加速度计/16个　▭ 动态应变计/144个
▯▮▯ 温度计/48个　▮▮ 静态应变计/48个

说明:

1. 动态应变计: 分别埋设在断面1—5中线两侧4块板,每块板布置在板中、板边和板角,每处分别按照纵向、横向埋设,加密区增加一个竖向埋设,共144个。

2. 静态应变计: 分别埋设在断面1—3道面边线2块板,断面4—5道面边线1块板,每块板布置在板中、板边和板角,每处竖向布置2个,共48个。

3. 温度计: 分别埋设在断面1—3道面中线和道面边线各1块板,每块板布置在板中,每处竖向布置3个,共48个。

4. 加速度计: 埋设在断面2和断面3,布置于纵向中线板块相邻板边,每个断面8个,共16个。

5. 板边、板角传感器布设时,传感器应距离块板边线15 cm。

6. 本图尺寸单位: cm。

图 7.15　结构监测断面传感器布设示意

本章参考文献

［1］刘诗福.飞机滑跑随机振动动力学响应及跑道平整度评价［D］.上海：同济大学,2019.

［2］Liu S F，Tian Y，Yang G，et al. Effect of Space for Runway Roughness Evaluation［J］. International Journal of Pavement Engineering，2022：1-11.

［3］王诗莹.航机偏移于机场刚性铺面设计影响之探讨［D］.台北：台湾大学,2008.

［4］吴爱红,蔡良才,顾强康,等.适应未来大型飞机的水泥混凝土道面设计方法［J］.北京航空航天大学学报,2011(9):1169-1175.

［5］雷电.民用机场跑道轮迹横向分布规律的研究［D］.上海:同济大学,2013.

［6］唐睿.机场刚性道面影响面及其损伤表达［D］.上海:同济大学,2017.

［7］徐国彬.空间结构的影响面理论［J］.北方交通大学学报,1989,13(2):15-23.

［8］中国民用航空局.民用机场水泥混凝土道面设计规范:MH/T 5004—2010［S］.北京:中国民航出版社,2010.

后　　记

　　本书全面阐述了飞机-跑道整体大系统的物理组成和关键要素，并着重对飞机-跑道的随机振动进行了深入分析，属于飞机-跑道服役过程中振动响应的分析研究。

　　然而，在实际服役状态下，由于高速、重载、高频次的飞机荷载和环境复杂因素的耦合作用，飞机和跑道的动态反应并不仅仅是产生振动响应，其材料、结构参数也将同步发生变化，导致飞机和跑道服役性能逐步劣化。因此，对飞机-跑道随机振动响应的分析十分重要，同时在此基础上也亟须更进一步地开展跑道服役状态演化仿真，揭示跑道服役状态演化规律。飞机-跑道服役状态演化规律的总结关键在于通过大量试验建立跑道材料和结构的失效模型，基于飞机-跑道-环境的多相互作用关系构建跑道服役状态演化仿真架构，并依据跑道设计和运维指标选定合适的服役状态代表性计算指标。最后，编制高效、准确的分析程序，实现跑道服役状态的自动化计算与可视化仿真。

刘诗福